データ分析者のための

Python(パイソン)データビジュアライゼーション入門

コードと連動してわかる可視化手法

小久保 奈都弥 著

SE SHOESHA

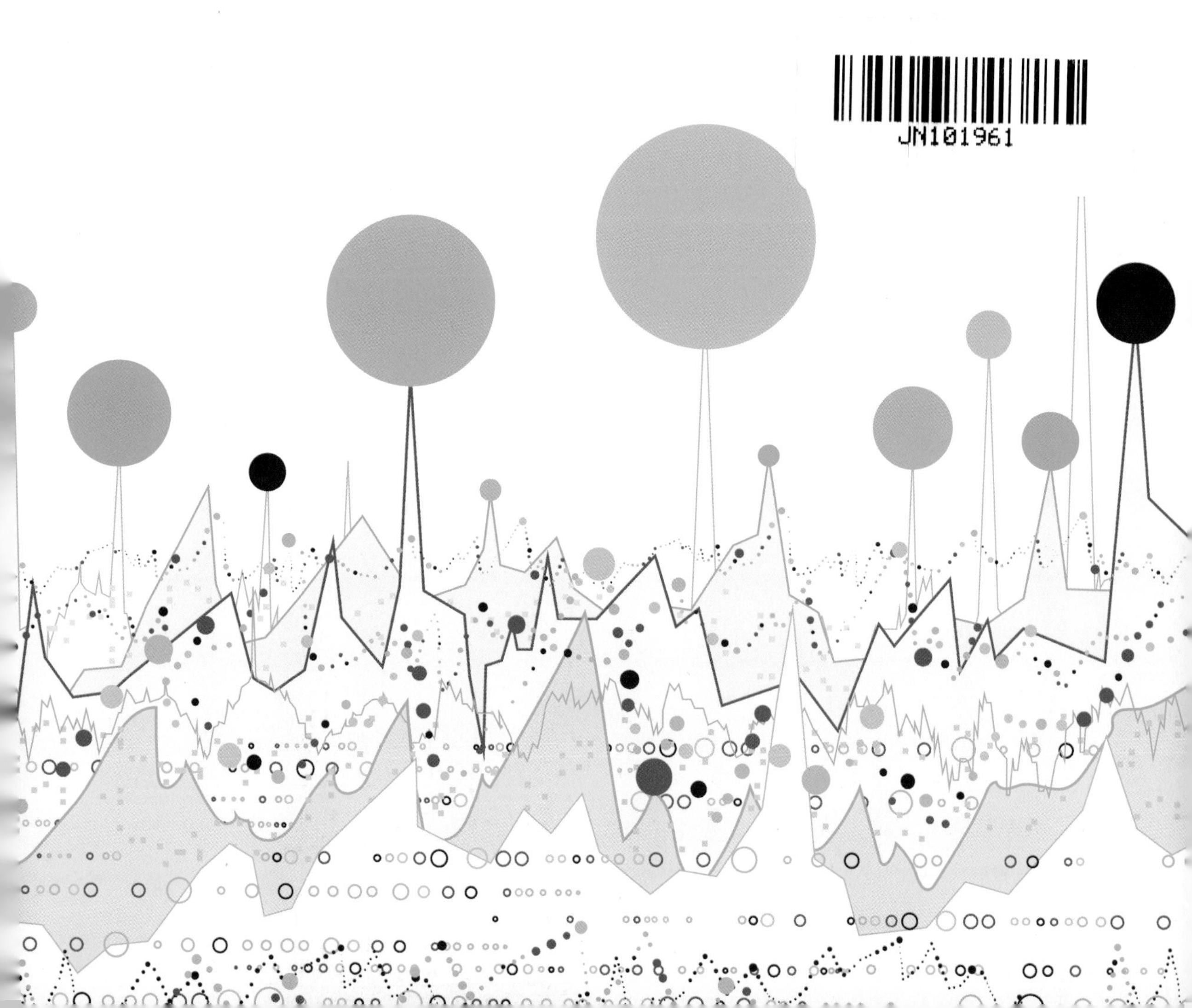

本書内容に関するお問い合わせについて

このたびは翔泳社の書籍をお買い上げいただき、誠にありがとうございます。
弊社では、読者の皆様からのお問い合わせに適切に対応させていただくため、以下のガイドラインへのご協力をお願いいたしております。
下記項目をお読みいただき、手順に従ってお問い合わせください。

ご質問される前に

弊社Webサイトの「正誤表」をご参照ください。これまでに判明した正誤や追加情報を掲載しています。

正誤表　https://www.shoeisha.co.jp/book/errata/

ご質問方法

弊社 Web サイトの「刊行物Q&A」をご利用ください。

刊行物 Q&A　https://www.shoeisha.co.jp/book/qa/

インターネットをご利用でない場合は、FAXまたは郵便にて、下記翔泳社愛読者サービスセンターまでお問い合わせください。電話でのご質問は、お受けしておりません。

回答について

回答は、ご質問いただいた手段によってご返事申し上げます。ご質問の内容によっては、回答に数日ないしはそれ以上の期間を要する場合があります。

ご質問に際してのご注意

本書の対象を越えるもの、記述箇所を特定されないもの、また読者固有の環境に起因するご質問等にはお答えできませんので、あらかじめご了承ください。

郵便物送付先およびFAX番号

送付先住所　〒160-0006　東京都新宿区舟町5
FAX 番号　03-5362-3818
宛先　㈱翔泳社 愛読者サービスセンター

※本書に記載されたURL等は予告なく変更される場合があります。
※本書の対象に関する詳細はivページをご参照ください。
※本書の出版にあたっては正確な記述につとめましたが、著者や出版社などのいずれも、本書の内容に対してなんらかの保証をするものではなく、内容やサンプルに基づくいかなる運用結果に関してもいっさいの責任を負いません。
※本書に掲載されているサンプルプログラムやスクリプト、および実行結果を記した画面イメージなどは、特定の設定に基づいた環境にて再現される一例です。
※本書に記載されている会社名、製品名はそれぞれ各社の商標および登録商標です。
※本書の内容は、2019年12月から2020年6月執筆時点のものです。

はじめに

ビッグデータやAIという言葉が流行して以降、様々な組織でデータを活用しようという動きが見られます。データの活用のためには、私たち人間がデータの内容をよく理解する必要があり、そのためにビジュアライゼーションはとても有効な手段です。最近はデータ分析を行うためにPythonが広く用いられています。

本書で想定している読者は、Pythonの基礎を学んだことがありPythonでのデータ活用に興味がある方、社内でデータ分析の業務を行っているデータサイエンティストの方、大学生・大学院生でPythonを用いたデータ分析の結果をレポートにする必要のある学生などで、データに関わる様々な人を想定しています。また、Pythonでこれからデータのビジュアライゼーションをやってみたいと興味を持っている方にも参考になればと考えています。

普段データに関わっている方はデータ分析の過程やデータ分析を行った結果を伝える段階でデータのビジュアライゼーションを行う場面に遭遇することが多いかと思います。

本書においてデータビジュアライゼーションで扱うデータの種類は、数値の情報のほかに、位置の情報や、英語や日本語の文書などです。様々なデータに対してビジュアライゼーションを行う方法を、実際に体験しながら学べるようにコードを実行しながら進められる構成になっています。

技術書ではあるものの眺めるだけでも面白い本になればと思い、色々な種類のビジュアライゼーションを便利なライブラリを使って簡単に行う方法を掲載しています。

本書では各章ごとに、データビジュアライゼーションを行うためライブラリやツールについて取り上げ、実際にコードを動かしてビジュアライゼーションを行う方法を説明しています。本書が多くのデータに関わる方々にとって、ビジュアライゼーションについて有益な本となれば幸いです。

2020年6月吉日

小久保 奈都弥

本書の対象読者と必要な事前知識

本書は、Pythonのライブラリを利用して、分析したデータをビジュアライゼーションする手法を解説した書籍です。本書を読むにあたり、次のような知識がある方を前提としています。

- Pythonの基礎知識
- データサイエンスの基礎知識

本書の構成

本書は全8章と付録で構成しています。

第1章では、データビジュアライゼーションについて概要を解説しています。

第2章では、データビジュアライゼーションに必要な考え方を解説しています。

第3章では、本書で使用する環境を解説しています。

第4章では、Pythonでのデータ取り扱いの基本を解説しています。

第5章では、様々なグラフ・チャートの作成方法を解説しています。

第6章では、位置情報のビジュアライゼーションの方法を解説しています。

第7章では、文字情報のビジュアライゼーションの方法を解説しています。

第8章では、インフォグラフィックの考え方を取り入れたビジュアライゼーション方法を解説しています。

付録では、色の考え方と、カラーパレットについて簡単に解説します。

本書のサンプルの動作環境とサンプルプログラムについて

本書の各章のサンプルは**表1**の環境で、問題なく動作することを確認しています。

表1 サンプルの動作環境

環境、言語	バージョン
OS	Windows10（64ビット版）
ブラウザ	Google Chrome（第6章のみFireFox）
Anaconda	Anaconda3.2019.10 （Anaconda3-2019.10-Windows-x86_64.exe）
Python	3.7.3

ライブラリ	バージョン
branca	0.31
folium	0.10.0
geoplotlib	0.3.2
ipython	7.5.0
janome	0.3.9
matplotlib	3.1.1
numpy	1.16.5
pandas	0.25.1
pillow	6.1.0
plotly	4.1.1
scipy	1.3.1
seaborn	0.9.0
squarify	0.4.3
statsmodels	0.10.1
wordcloud	1.5.0

付属データのご案内

付属データ（本書記載のサンプルコード）は、以下のサイトからダウンロードできます。

●付属データのダウンロードサイト

URL http://www.shoeisha.co.jp/book/download/9784798163970

本書ではサンプルとなるデータのファイルや、画像のファイルを使用しながら進めます。上記のダウンロードサイトよりファイルのダウンロードをお願いします。

注意

付属データに関する権利は著者および株式会社翔泳社が所有しています。許可なく配布したり、Webサイトに転載したりすることはできません。

付属データの提供は予告なく終了することがあります。あらかじめご了承ください。

会員特典データのご案内

会員特典データは、以下のサイトからダウンロードして入手いただけます。

●会員特典データのダウンロードサイト

URL http://www.shoeisha.co.jp/book/present/9784798163970

注意

会員特典データをダウンロードするには、SHOEISHA iD（翔泳社が運営する無料の会員制度）への会員登録が必要です。詳しくは、Webサイトをご覧ください。

会員特典データに関する権利は著者および株式会社翔泳社が所有しています。許可なく配布したり、Webサイトに転載したりすることはできません。

会員特典データの提供は予告なく終了することがあります。あらかじめご了承ください。

免責事項

付属データおよび会員特典データの記載内容は、2020年6月現在の法令等に基づいています。

付属データおよび会員特典データに記載されたURL等は予告なく変更される場合があります。

付属データおよび会員特典データの提供にあたっては正確な記述につとめましたが、著者や出版社などのいずれも、その内容に対してなんらかの保証をするものではなく、内容やサンプルに基づくいかなる運用結果に関してもいっさいの責任を負いません。

付属データおよび会員特典データに記載されている会社名、製品名はそれぞれ各社の商標および登録商標です。

著作権等について

付属データおよび会員特典データの著作権は、著者および株式会社翔泳社が所有しています。個人で使用する以外に利用することはできません。許可なくネットワークを通じて配布を行うこともできません。個人的に使用する場合は、ソースコードの改変や流用は自由です。商用利用に関しては、株式会社翔泳社へご一報ください。

2020年6月

株式会社翔泳社　編集部

CONTENTS

はじめに iii
本書の対象読者と必要な事前知識 iv
本書の構成 iv
本書のサンプルの動作環境とサンプルプログラムについて v

Chapter1 データビジュアライゼーションとは 001

01 | ビジュアライゼーションの定義 002
02 | ビジュアライゼーションの歴史 003
03 | 身近なビジュアライゼーション 005
04 | データビジュアライゼーションの機能と目的 006
データビジュアライゼーションの機能 006
データビジュアライゼーションの目的 007
05 | 意思決定におけるデータビジュアライゼーション 008
意思決定の判断ツール 008
06 | データビジュアライゼーションの意義 010
データの情報処理プロセス 010
概念的なビジュアライゼーションと
データドリブンなビジュアライゼーション 012
07 | データビジュアライゼーションのステップ 013
①データの着目点を考える 013
②データの収集・処理を行う 013
③着目点に応じて適切なビジュアライゼーションを行う 014
08 | 静的なビジュアライゼーションと動的なビジュアライゼーション 015
静的なビジュアライゼーション 015
動的なビジュアライゼーション 015
09 | Pythonでのデータ分析とビジュアライゼーション 017
Python での分析業務の拡大 017

Chapter2 データビジュアライゼーションに必要な考え方 019

01 | 美しいビジュアライゼーションとは 020
シンプルに表現されている 020
コンテキストを含んでいる 022
02 | データの種類とビジュアライゼーション表現 023
03 | ビジュアライゼーションの構成要素 024
色 024
位置 025
大きさ 025
長さ 026
形 026
傾き・角度 027
04 | データの表現におけるゲシュタルトの法則 028
05 | ビジュアライゼーションで注意すべきこと 031
読み手の負荷を考える 031

Chapter3 本書で使用する環境について 033

01 | Anacondaのインストール 034
Anaconda の環境の準備 034
02 | Jupyter Notebookの利用 036
新しいノートブックの作成 037
Python のコードを実行する 037
03 | ライブラリのインストール 039
04 | 本書で動作する環境のまとめ 041
ライブラリのインストールのコマンド 043
05 | 仮想環境の構築（参考） 044
仮想環境へのライブラリなどのインストールのコマンド 045

Chapter4 Pythonでのデータ取り扱いの基本 047

01 | データ処理で使用するライブラリ 048
02 | ビジュアライゼーションで使用するライブラリ 049
03 | Pythonで扱うデータ構造 051

データ形式 051
04 基本的な操作 053
CSV ファイルを読み込む 053
読み込んだデータを表示する 053
05 基本的な演算 054
基本的な演算 054
文字数を調べる 055
06 データフレームを扱う 056
1 行目の要素を取得する 056
特定のカラムを取得する 057
データの行数を数える 058
データの集約をする 058
クロス集計を行う 061
条件に該当したデータを抽出する 062
データの並べ替えを行う 063
カラム名の変更を行う 064
繰り返しの処理をする 065
リストに対して繰り返しの処理を行う 065

Chapter5 様々なグラフ・チャートによるビジュアライゼーション 067

01 グラフやチャートで利用するライブラリ 068
02 ヒストグラム 069
ヒストグラムとは 069
カウントプロット 072
03 ボックスプロット 074
ボックスプロットとは 074
04 散布図 077
散布図とは 077
05 バブルチャート 080
バブルチャートとは 080
06 散布図行列 082
散布図行列とは 082
07 ジョイントプロット 084
ジョイントプロットとは 084
08 質的変数のプロット 086

09 | **平行座標プロット** 087
平行座標プロットとは 087
10 | **縦棒グラフ** 089
縦棒グラフとは 089
複数の要素を並べて表示する 096
縦棒グラフの 1 つの色を変更する 098
11 | **横棒グラフ** 100
横棒グラフとは 100
凡例の表示位置 103
12 | **円グラフ** 110
円グラフとは 110
大きい順に並べて時計の 12 時の位置から始まる
円グラフにする 111
強調したい扇形だけ色を変える 112
plotly で円グラフを描画する 113
13 | **ドーナツグラフ** 114
ドーナツグラフとは 114
14 | **折れ線グラフ** 116
折れ線グラフを描画する 116
複数の折れ線グラフを 1 つのグラフ内に描画する 118
複数の折れ線グラフの線の種類を同じにする 119
折れ線グラフのうち 1 つを強調する 121
plotly で折れ線グラフを描画する 122
plotly で複数の折れ線グラフを描画する 123
15 | **ヒートマップ** 125
ヒートマップとは 125
16 | **ウォーターフォールチャート** 128
ウォーターフォールチャートとは 128
17 | **ツリーマップ** 129
ツリーマップとは 129
18 | **サンバーストチャート** 131
サンバーストチャートとは 131
サンバーストチャートを描画する 131
19 | **レーダーチャート** 133
レーダーチャートとは 133
1 つのレーダーチャートを描画する 133
複数のレーダーチャートを重ねて描画する 135

Chapter6 位置情報のビジュアライゼーション 137

01 位置情報のビジュアライゼーション 138
地図のビジュアライゼーションの種類 138
02 地図情報のビジュアライゼーションに用いるライブラリ 139
plotly と folium 139
03 世界地図の色分けマップ 140
04 日本地図の色分けマップ 143
都道府県別の情報 143
05 都道府県別の色分けマップ 145
06 地図のポイント情報を表示する 146
1 地点にマーカーを描画する 146
1 つの地図に複数のマーカーを描画する 148
07 地図上に異なる大きさの円を描画する 150
08 地図上にヒートマップを描画する 153
09 マーカーのアイコンを変更する 154
10 2 地点間を線で繋ぐ 156
2 地点間を線で繋ぐ意味 156
2 地点間に線を引く 156
複数の地点間の線を引く 157

Chapter7 文字情報のビジュアライゼーション 159

01 ワードクラウドの描画 160
02 文字情報のビジュアライゼーションに用いるライブラリ 161
wordcloud 161
janome 161
03 英語の文字情報のワードクラウド 162
04 日本語の文字情報のビジュアライゼーション 164
05 日本語のワードクラウド 166
名詞だけを描画する 167
06 ワードクラウドの形を変える 169
画像を用意する 169
07 特定の文字の色を指定する 172

Chapter8 インフォグラフィックのビジュアライゼーション 175

01 インフォグラフィックとは 176
02 ピクトグラム 177
ピクトグラムとは 177
使用するピクトグラム 178
03 画像を並べる際の表現方法 179
並べ方のルール 179
04 インフォグラフィックで用いるライブラリ 180
画像を扱うライブラリ 180
05 画像の大きさで数量を表現する 181
数量に応じて画像の大きさを変える 181
06 並べる個数で数量を表現する 183
07 割合を画像で表現する 185
割合を1つの画像の色塗りで表現する 185
割合を複数の画像の色の違いで表現する 187
08 縦棒グラフのように画像を並べる 189
クラスの定義 189
画像を利用した縦棒グラフの描画 191

Appendix データビジュアライゼーションにおけるカラーパレット 195

01 色の考え方 196
02 seabornのカラーパレット 197
質的変数のビジュアライゼーションに適したカラーパレット 197
量的変数のビジュアライゼーションに適したカラーパレット 198
無彩色のカラーパレット 199
基準値の前後に値が分布している場合に適したカラーパレット 200
カラーパレットの作り方 201

INDEX 202
おわりに 209
謝辞 210
参考文献 210
著者プロフィール 211

Chapter 1

データビジュアライゼーションとは

ビジュアライゼーションの歴史やその意義について解説します。

01 ビジュアライゼーションの定義

データビジュアライゼーションの定義について考えます。

visualization（ビジュアライゼーション）は、日本語で「**可視化**」や「**視覚化**」と訳されます。

「可視化」という言葉は「人間が見ることができないものを、見える形にする」という意味です。そのため、数字に基づいた情報を視覚的に表現する方法もビジュアライゼーションと呼ばれるほか、心の中や頭の中に留まっていた考えや知識を文章化することもビジュアライゼーションと呼ばれます。

その中で数値や文章や位置などのデータに基づいた情報に対するビジュアライゼーションをデータのビジュアライゼーション（以下、データビジュアライゼーション）といいます（**図1.1**）。

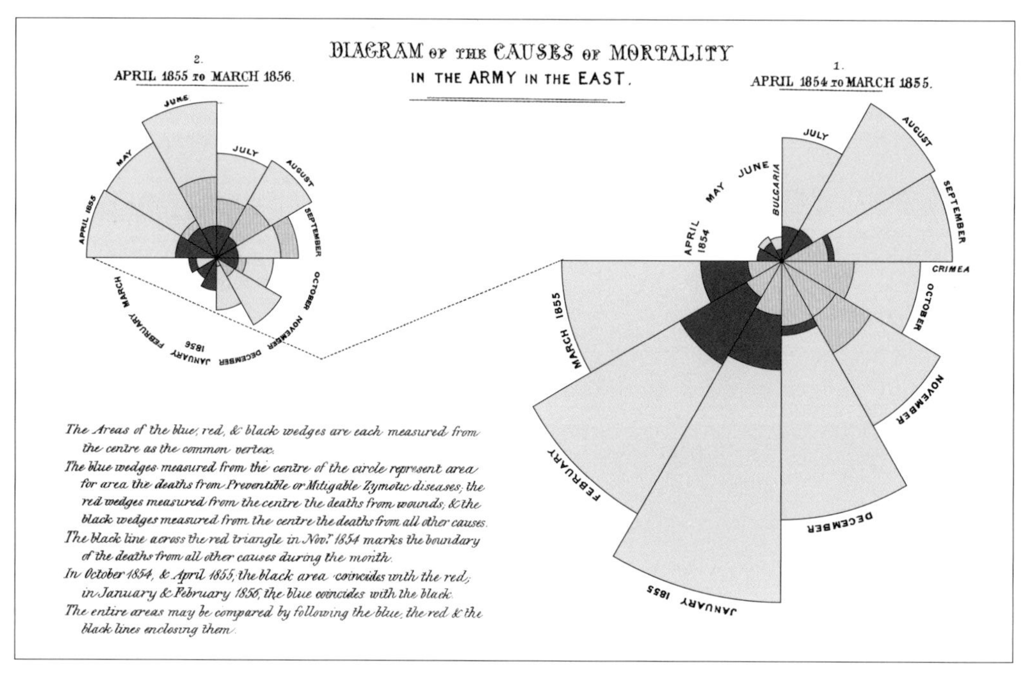

図1.1 ナイチンゲールの鶏頭図

出典：『Diagram of the causes of mortality in the army in the East" by Florence Nightingale』より作成

URL https://en.wikipedia.org/wiki/Florence_Nightingale#/media/File:Nightingale-mortality.jpg

02 ビジュアライゼーションの歴史

ビジュアライゼーションは今日に至るまで発展を続けています。

ここでビジュアライゼーションの歴史を簡単に紐解いてみましょう（**図1.2**）。

人類のビジュアライゼーションの歴史は、洞窟の壁に棒で狩りの情報を描いていたころ（洞窟壁画）から始まっていたと言われています。それ以降、情報のビジュアライゼーションは様々な場面で用いられるようになりましたが、私たちが普段用いるような図表は産業革命が起きた1700年代後半から使われています。

その後から現在にかけて数値を含む情報を視覚的に表現する技術に着目すると、およそ200年の間に急速に進化し続けています。

- 1700年代後半

この時期に折れ線グラフや棒グラフ（**図1.3**）など、現在でも使われる基本的なチャートが作られるようになりました。今でも基礎的な可視化に使用されるビジュアライゼーション手法ですが、この時代においては紙などに描かれて使用されています。

- 1800年代

有名なナイチンゲールの鶏頭図（**図1.1**）のように、複数の情報を一目でわかるような工夫がなされたビジュアライゼーション手法での表現が発表されます。

1800年代はビジネスにおける利用よりも社会の出来事を伝える手段としての利用が主流でした。

- 1900年代

1900年代にコンピュータが出現したことによりビジュアライゼーションが急速に発展を遂げます。

1900年代前半に初めてビジネス向けのビジュアライゼーションの本が出版され、1970年代にはコンピュータを利用したビジュアライゼーションの作品も見られるようになりました。

- 2000年代～

現在は、ビジネスにおいては表計算ソフトでチャートを作成するようなビジュアライゼーションは一般化しています。近年は企業においてはBIツールでのデータビジュアライゼーションが徐々に普及し、意思決定にビジュアライゼーションを用いようとする動きは高まっています。また、ビジネスのみならず、個人が保有するスマートフォンアプリで数値の情報がビジュアライズされたものを見る機会は増大しています。

1700年代　後半
現在でも使われるような基本的なグラフでの表現方法が出現

1800年代
社会的な情報の伝達に使われるビジュアライゼーションが発達

1900～2000年代
コンピュータの出現によりビジュアライゼーションが活発化

2000年代～
ビジネスにおいては表計算ソフトでチャートを作成するようなビジュアライゼーションが一般化

図1.2　ビジュアライゼーションの歴史

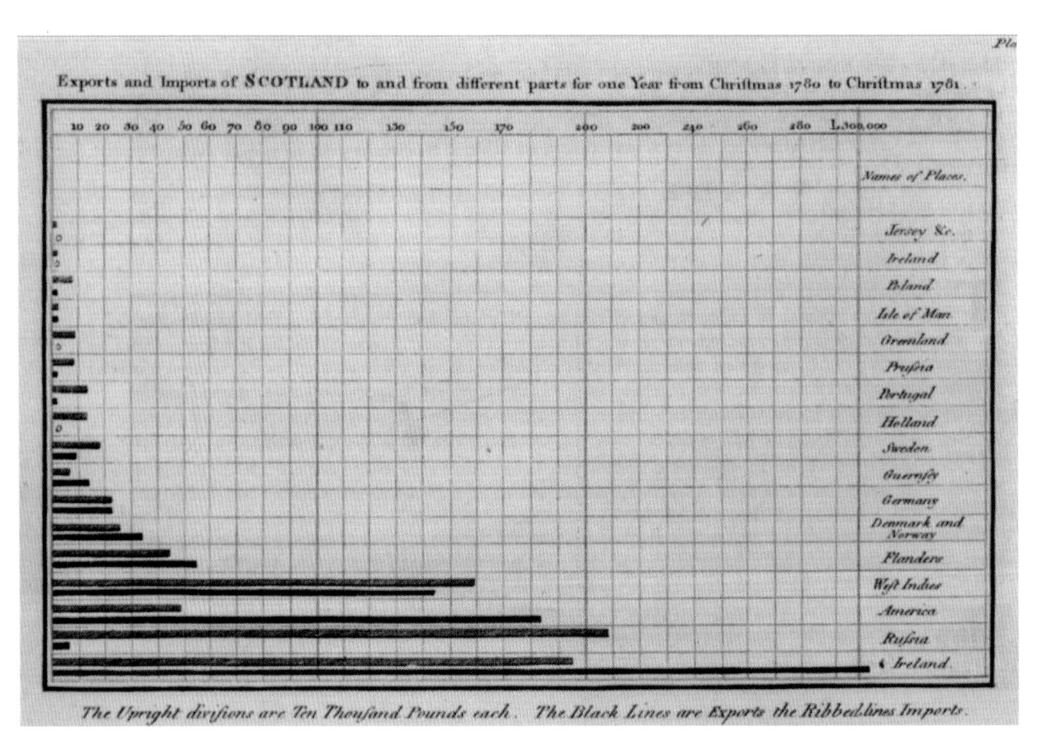

図1.3　1700年代後半の棒グラフ

出典：「Exports and Imports of Scotland to and from different parts for one Year from Christmas 1780 to Christmas 1781」、『The Commercial and Political Atlas』（William Playfair著、1786年）より引用

03 身近なビジュアライゼーション

私たちの身の回りは、たくさんのビジュアライゼーションであふれています。

身近なデータビジュアライゼーション

身近な事例を見てみましょう。例えば、スマートフォンで気温の折れ線グラフを見てその日の気温を確認することは多いと思います。また、テレビや新聞で株価の値動きを確認することもあるでしょう。テレビの情報バラエティ番組では、円グラフで街頭アンケートの集計結果が表示されている場面も見かけます。

このように私たちの身の回りでは、多くの情報が**わかりやすくビジュアライズ**されています。

皆さんもよく目にする天気予報では、降水確率を表現する方法として、太陽や雲や傘のアイコンを用いて雨がどの程度降りそうか視覚的に表現されています（**図1.4**）。

最近のスマートフォンアプリを見ても様々な数字がビジュアライゼーション手法によって表現されています（**図1.5**）。

このように、私たちの身の回りではデータビジュアライゼーションが活用されています。

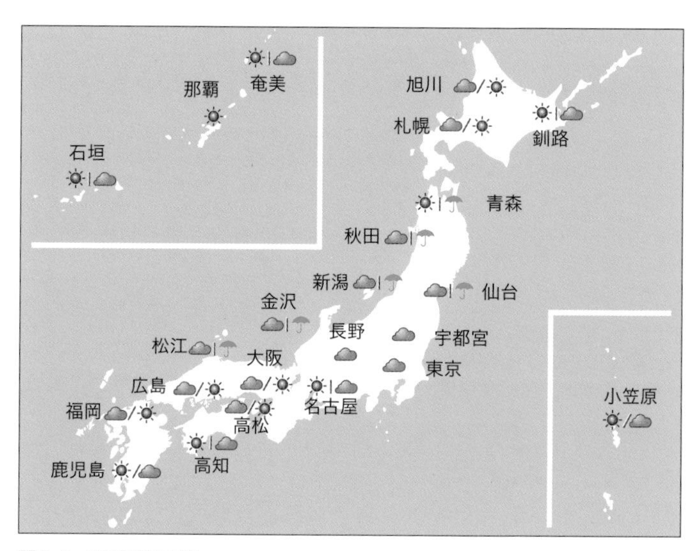

図1.4　天気予報の例

出典：気象庁「天気予報」を加工して作成

URL https://www.jma.go.jp/jp/yoho/

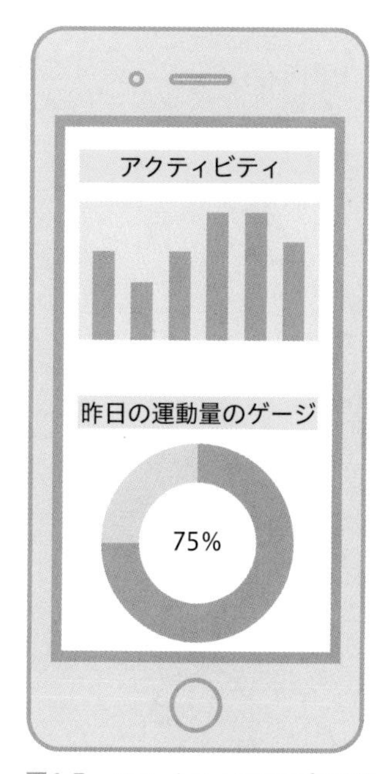

図1.5　スマートフォンのアプリの例

04 データビジュアライゼーションの機能と目的

データビジュアライゼーションでどのようなことができるのか考えましょう。

データビジュアライゼーションの機能

データ分析者にとって、データビジュアライゼーションの機能は、以下の3つが挙げられます(図1.6)。

- 1. 概要を把握する：概観（データの全体像を把握すること）
- 2. 発見を手助けする：発見（データの特徴や新しい事象を見つけること）
- 3. 伝達をする（コミュニケーションの促進）：伝達（データの読み手に1.と2.を伝えること）

1.概要を把握する：概観

データの全件を対象として分布を確認したり、簡単な集計をしたりすることで、データの概観を把握します。

2.発見を手助けする：発見

データの内容をありのままで表現することで、それまで着目していなかった点に気づくことができます。データのビジュアライズによりデータの特徴的な傾向を見つけたり、着目すべき点を見つけ出したりすることができます。

3.伝達をする（コミュニケーションの促進）：伝達

データの分析結果やデータの特徴を適切に表現することによりデータを見ることになじみがない人にも情報を伝えることができます。

ビジュアライゼーションのこれらの機能は、同時に使われることもあれば、データ分析のステップにおいて使われる時もあります。

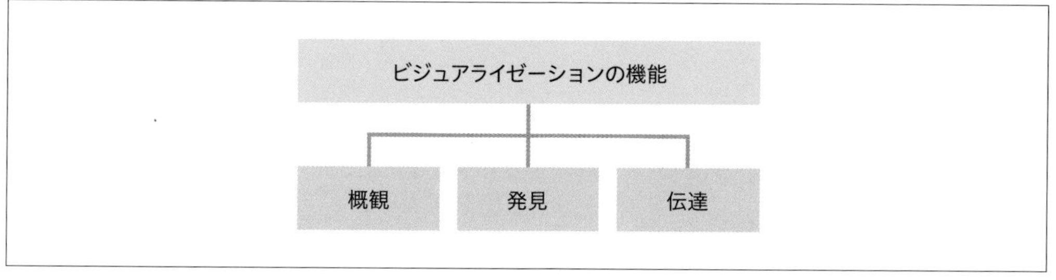

図1.6　ビジュアライゼーションの機能

データビジュアライゼーションの目的

2000年代に**ビッグデータ**という言葉が流行して以降、データをビジネスで活用しようとする企業が増加し現在のビジネス環境では、多くのデータが蓄積されてきています。しかしそれに伴いデータ量が膨大となり、蓄積された大量の**生のデータ**を眺めるだけでは、データの概要がつかめないことが多くなってきています。

データ分析者にとってのビジュアライゼーション

データ分析者が、適切なデータ処理やデータ加工を行う際、データへの理解を深める手段として、**データビジュアライゼーション**はとても有効です。

また、データビジュアライゼーションの大きな意義は、統計的な知識を持たない人にでもデータに含まれる情報を伝えることができる点にあります。そのため、データ分析者は集計結果や分析結果のメッセージを伝える手段として、ビジュアライゼーションを用いるようになってきています。

情報の読み手にとってのビジュアライゼーション

一方、情報の読み手は、ビジュアライゼーションの結果を見ることで、数字だけを見る時と比べてよりわかりやすく知見を得ることができます。

そして、データ分析者が分析結果として伝えたメッセージは、どのような行動を起こすべきであるのかを決める意思決定のための判断材料となります。

05 意思決定における データビジュアライゼーション

データビジュアライゼーションがどのように意思決定に繋がるのか、より詳しく見ていきましょう。

意思決定の判断ツール

私たちがビジネスにおいて日常的に行っているのが**意思決定**です。そのレベルは様々ですが、あらゆる事象に対して意思決定が行われています。

意思決定の主体：機械

ビジネスにおける意思決定において**データの活用**に注目が集まりました。ビジネスにおける意思決定には、人間による判断が多く介在します。その判断の際に「人間の判断が必要なもの」と「パターン化されたもの」に大きく分けられます。パターン化されているように一定の規則に則って判断を下す**反復的な意思決定**においては、AIによる判別や予測の領域において**業務の自動化**などの**データの利活用**が進んでいます。自動化された結果に基づいた意思決定はビジネスの場においては日々繰り返し行われる業務によく用いられます。

意思決定の主体：人間

一方、戦略的な判断が必要な時や、今までとは異なった行動変容を行う必要がある時など、機械的には決められない意思決定の場面においてはデータビジュアライゼーションはデータ活用の1つの手段として適しています。変化の多い現代においては、求められる意思決定のスピードが速くなってきています。そのため一目で定量的な情報を理解できるデータビジュアライゼーションは非常に効果的です。

従来からビジュアライゼーションをビジネスで使う手法として、Excelによるグラフ描画の機能が多くの企業でよく利用されています。また、近年はBIツールで対話的なデータ集計・ビジュアライゼーションを行うことで、意思決定の速度を速めようとする動きも見受けられます。

また、意思決定の主体が機械的な判別の場合においても、結果の解釈を行うのは人間です。

そのため機械が算出した結果を用いて問題ないのかの判断するのも人間が行う必要があり、その際にもデータビジュアライゼーションは結果の解釈において有効な手段です（**図1.7**）。

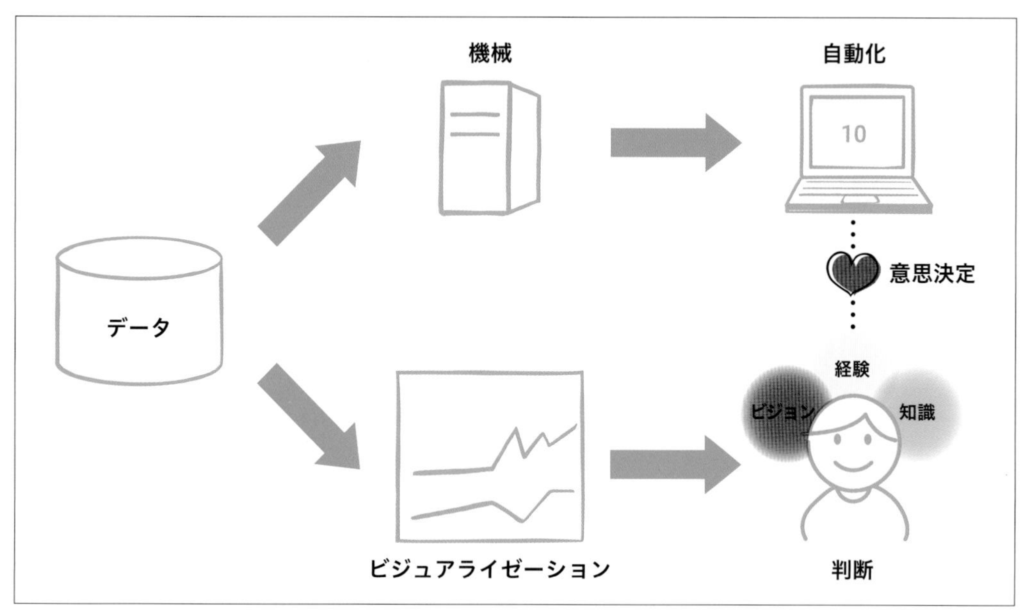

図1.7　意思決定主体とデータ活用の方法

06 データビジュアライゼーションの意義

データ分析者にとってのビジュアライゼーションを行う意義について見てみましょう。

データの情報処理プロセス

ここ最近ビッグデータを扱うデータ分析者の間で、よく利用されているDIKWピラミッドというものがあります（**図1.8**）。

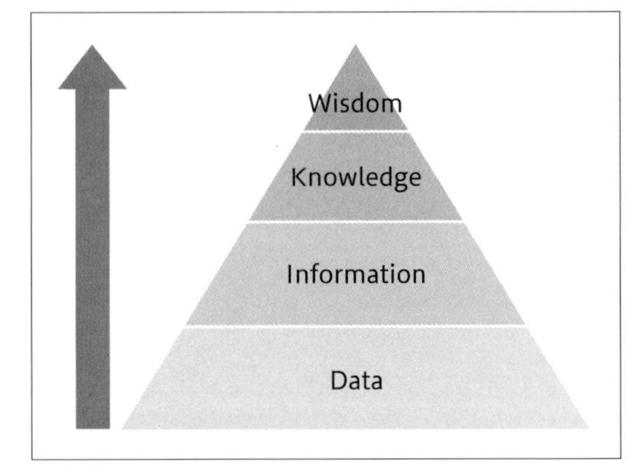

図1.8　DIKWピラミッド

ピラミッドの地面から近い順に、

- Data
- Information
- Knowledge
- Wisdom

という情報処理プロセスの順番に、情報の価値のレベルが高くなることを示しています。

MEMO　DIKWピラミッド
DIKWピラミッドは、情報の価値にはレベル感があることを示している古くから提唱されているモデルです。企業においてデータ分析者に求められる業務が拡大していることにより、改めて上位のレベルへの意識を高めるなど、情報の価値のレベル感を意識することが重要になっています。

Dataは観測された事実の集まりであり、それが何も処理がなされていない状態を指します。

Dataを**Information**へ変換する作業は、データを構造化することであり、基本的なデータ分析の業務において行われています。

構造化されて意味を持ったInformationから**Knowledge**へ変換するためには、データの背景を知り、文脈を持って事実を伝える必要があります。データに関する背景知識や経験といった人間の有している知見を組み合わせることがKnowledgeへと変換する際に必要であると言われています。ビジュアライゼーションを行うことにより、直感に訴えることができ、情報を元に背景知識と照らして考えやすくなります（Knowledgeに変換）。

さらに、Knowledgeを元に人間による判断やより深い解釈を加えて、「何を行うべきか」というデータには含まれなかった**新たな価値**を生み出し**Wisdom**へと変換させます。

データ分析を行い、ビジュアライゼーションを行う意義は生のデータから、より価値の高い情報を生み出していくことであると言えます。

探索的データ分析におけるビジュアライゼーション

データ分析者が分析用のデータを受け取った際、データの概観を知るために、**データのばらつき**、**基本統計量**などを**可視化**して確認します（この段階で行われるのは**探索**にあたる処理です。主にデータ分析担当者が自身の疑問に対して調査を行うステップでもあります）。

前処理を行う前段階において、データの概要を知るために、可視化は有効な手段だからです。数値そのものを見るよりも簡単なグラフを作成して、概観を知ることで、データの理解を進めることができます。具体的には、データの収集・データの集計などを行いながら**散布図・ヒストグラム・箱ひげ図**等を用いることで、データの概観を把握し、理解を深めてさらに分析を進める点を明確にして深い調査を行っていきます（**図1.9**）。

これはDataをInformationに変換していく過程で多く行われます。

データ分析結果の伝達のためのビジュアライゼーション

伝達における説明的な可視化でよく利用されるのは、**棒グラフ・折れ線グラフ・円グラフ**や、**インフォグラフィック**等の方法です。情報の読み手にリテラシーをあまり必要としない表現を行います。伝達の際にはデータに隠れたストーリーや文脈を表現します。

データ分析者は、データを処理するエンジニアのような役割と同時に、今や**データを通じたコミュニケーションを行う役割**を担っています。

そのコミュニケーション手法としての**ビジュアライゼーション**があります。これは、InformationをKnowledgeへ変換させるために重要です。また、見た目の美しさが重要となるのも説明的な可視化の特徴の1つです（**図1.9**）。

説明的
伝達
概念的
データドリブン
探索
探索的

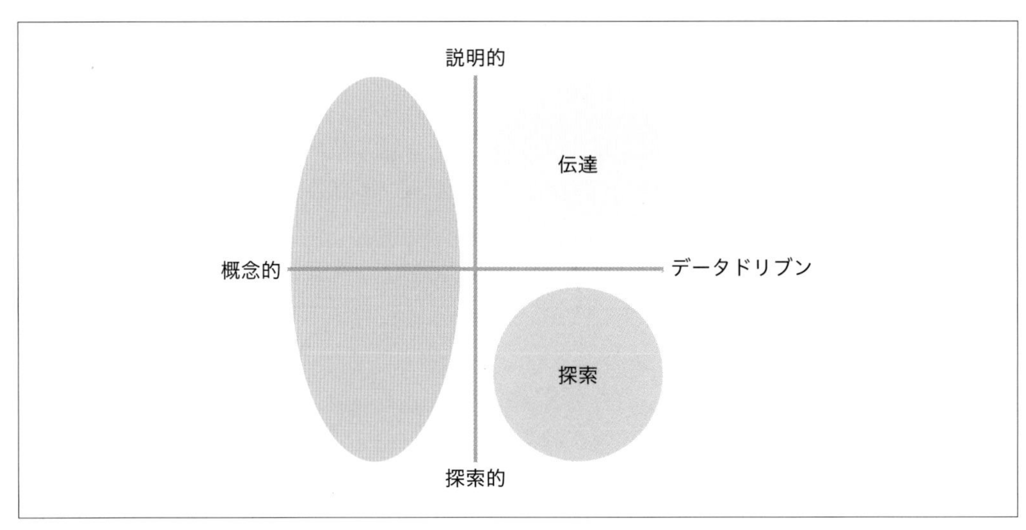

図1.9　本書の扱う範囲

概念的なビジュアライゼーションとデータドリブンなビジュアライゼーション

定性的な情報(数字ではなく文書等で保存されているデータ）の場合には、**概念的なビジュアライゼーション**が多く用いられます。概念的なビジュアライゼーション手法としては、例えば、思考や構造化のためのフレームワークがあります。

ビジュアライゼーションにより定性的な情報が整理され、その裏付けとしてデータを用いた定量的な分析が必要となった際には、データに基づいたデータドリブンなビジュアライゼーションの必要性が出てくることが多くあります。最終的に何かの事象について取りまとめを行う際には、概念的なビジュアライゼーションとデータに基づいたビジュアライゼーションの両方を用いて情報を整理し、表現されることが一般的です（図1.10)。

本書では**定量情報を中心とした情報のビジュアライゼーション**について取り扱います。

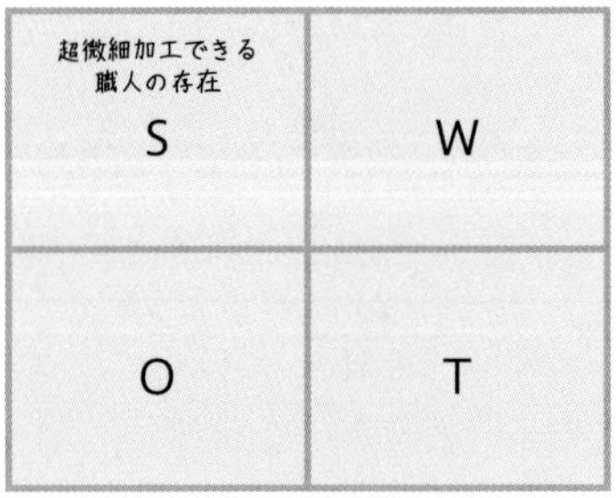

超微細加工できる
職人の存在
S
W
O
T

図1.10　概念的なビジュアライゼーションの例（フレームワーク）

07 データビジュアライゼーションのステップ

実際にデータビジュアライゼーションを行う時、どのような手順を踏むか見ていきましょう。

効果的なビジュアライゼーションを行うためには、データから見出したいことを明確にしてどのようなストーリーを持って伝えるのかを、デザインする必要があります。

①データの着目点を考える

まずデータを用いて知りたいことや、伝えたいことを明確にします。大きな道筋を決めることでその次のステップがわかります。また、データのビジュアライゼーションを行いながら次の着目点を探すこともあります。

データを用いて知りたいことやデータの中に含まれる伝えたいメッセージを思い描いてから**表1.1**に含まれる内容について表現することが多いと考えられます。

表1.1 概要・変化・比較・構成・関係

概要	どのようなデータか基礎的な情報を把握する
変化	時間の経過による変化や条件の変更による違いに着目する
比較	データの属性ごとの違いに着目する
構成	全体や特定の区分の中の割合に着目する
関係	変数間における関係の有無や傾向に着目する

②データの収集・処理を行う

着目点に適したデータを収集し、データの前処理や分析を行います。

変化を知りたい場合は時系列の情報や条件変更の前後の情報を収集します。変化を比較したい場合は比較対象となるデータを集める必要があります。データの収集が終わったら、適したデータになっているかをその内容を確認したり、必要な形にデータの前処理を行ったりします。

この段階でデータが使えるものであるのか、本来想定していたより適したデータではなかったのかの仮説検証も行います。

③着目点に応じて適切なビジュアライゼーションを行う

着目点に応じてメッセージが伝わるようなデータのビジュアライゼーションを行います。どのような視覚表現が適しているかは、データ分析者が読み手のことも考えながら決定します。例えば、着目点を変化とした場合は折れ線グラフがよく用いられ、構成とした場合には積み上げ棒グラフ等が用いられます。

ビジュアライゼーションの領域においては、"Story telling"という言葉がよく使われていますが、説明的なビジュアライゼーションの場合は、着目点について、文脈をもって表現することが必要です。

MEMO　Story telling（ストーリーテリング）

ストーリーテリングとは物語を伝えることですが、データのビジュアライゼーションにおいてもストーリーテリングが重要であると言われています。
それは単に事実を表現するだけでなく、読み手の共感を得たり、意外性を与えたりするように読み手をひきつけるような要点をまとめることが必要であるという意味です。
データにおいても興味深い事実の要点を伝えることで、物語のように人をひきつけることができるのです。

1つのビジュアライゼーションが終わったら、さらに深掘りをしたり、表現の工夫ができるかを考えたりして、よりわかりやすいビジュアライゼーションにするための作業を繰り返します（**図1.11**）。

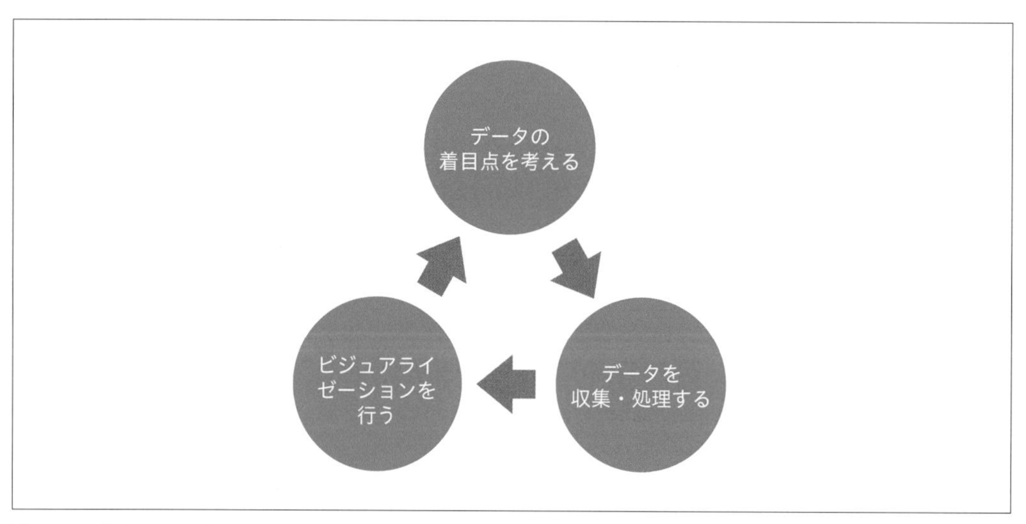

図1.11　ビジュアライゼーションを繰り返す

08 静的なビジュアライゼーションと動的なビジュアライゼーション

コンピュータで行うビジュアライゼーションには、静的なものと動的なものがあります。

ビジュアライゼーションには**静的なビジュアライゼーション**と**動的なビジュアライゼーション**があります（**図1.12**）。

静的なビジュアライゼーション

静的なビジュアライゼーションは、主に紙上に表現されるビジュアライゼーションで、データの分析結果を紙媒体の報告書にする場合などに使用れます。ただし、読み手が画面上で表示結果を変更することや、表示結果に対して操作を行うことは不可能です。

例えば、Pythonによる基本的なグラフ作成では、pandas、matplotlib、seabornなどのライブラリを利用することで、静的なビジュアライゼーションを作成できます。

動的なビジュアライゼーション

動的なビジュアライゼーションは、あらかじめ設定しておいた条件に従ってチャートが変化するものや、また既に作成したビジュアライゼーションにフィルタ機能やスライダーのバーを加えるなど、読み手側がデータ自体を操作できるビジュアライゼーションを指します。

Pythonには動的なビジュアライゼーションに適したライブラリが複数存在します。本書で取り扱う**plotly**は動的なビジュアライゼーションの作成に優れているライブラリです。

今後はデータのプレゼンテーションの場でも、意思決定スピードの向上を目的として読み手側で情報を操作できるビジュアライゼーションが用いられる場面が増える可能性があります。

本書では、基本的に本書執筆時点で使用頻度が多いと考えられる「紙に書いても伝わる静的な表現手法」に主眼を置いています。

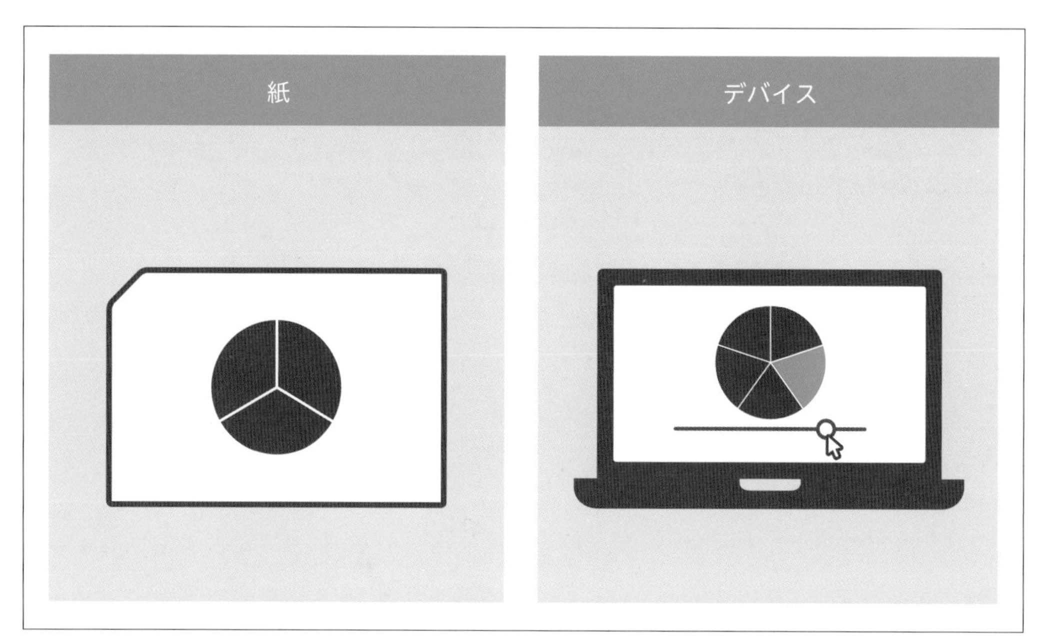

図1.12　静的な可視化と動的な可視化

09 Pythonでのデータ分析とビジュアライゼーション

データ分析者がPythonでビジュアライゼーションを行うようになった背景を見ていきましょう。

Pythonでの分析業務の拡大

近年は、企業が扱うデータ量も増えていき、それまで業務で扱っていた表計算ソフトでは対応できない量のデータを分析する必要がある場面が増えてきました。また、数値のデータだけでなく、文字のデータや画像のデータなどの非構造データを取り扱うことも増えてきました。

そこで様々なデータを取り扱うことのできる言語として業務でも、**Python**をデータ分析業務で用いる企業が増加しました。また、機械学習を用いた自動化などはPythonで開発されることが多くなりました。データの活用の場においてPythonが標準的に用いられるようになりました。

分析結果のビジュアライゼーションの必要性

Pythonがデータ分析や機械学習エンジニアにとってのデータ活用の手段として用いられるようになったことにより、データ分析に関する様々なライブラリが発達しました。またデータ分析業務がPythonで行われるため、同一のデータに関するビジュアライゼーションも同様にPythonで行う必要が出てきたため、データビジュアライゼーションのライブラリも徐々に充実してきました。

数値情報でなく、文章や位置など様々な情報のビジュアライゼーションに適したライブラリがあります。

Jupyter Notebookの実行環境

Pythonでデータ分析を行う環境として**Jupyter Notebook**がよく利用されています。Jupyter Notebookはプログラムを書いて実行し、結果を見て分析を進めることができます。分析過程でビジュアライゼーションして分析を進めることができるため、「データ分析をしてビジュアライゼーションを行う」ということに非常に親和性の高いツールとなっています。

このような背景の中、データ分析者がPythonを用いてデータをビジュアライズすることが、一般的に行われるようになっています。

Chapter 2

データビジュアライゼーションに必要な考え方

美しいビジュアライゼーションを作成するために必要な基礎知識を解説します。

01 美しいビジュアライゼーションとは

ビジュアライゼーションに求められる「美しさ」について考えてみましょう。

美しいビジュアライゼーションとは何でしょうか？

美しいデータビジュアライゼーションは、見た目の美しさと表現の明確さの機能美を併せ持ってシンプルに表現されていて、かつコンテキストを有しているものと考えます（**図2.1**）。

「シンプルな表現」とは、読み手に負担を与えることなく理解を促すように表現方法が洗練されていることです。

「コンテキストを持っている」とは、着目すべき情報がまとまっていて伝えたいことが明確であることです。

どれだけ表現が洗練されていてシンプルであっても、伝える内容がまったくなければそもそも意味がないですし、逆に明確に伝えるべき内容があるにもかかわらず、それらをうまく表現できなければ、読み手をひきつけることはできません。

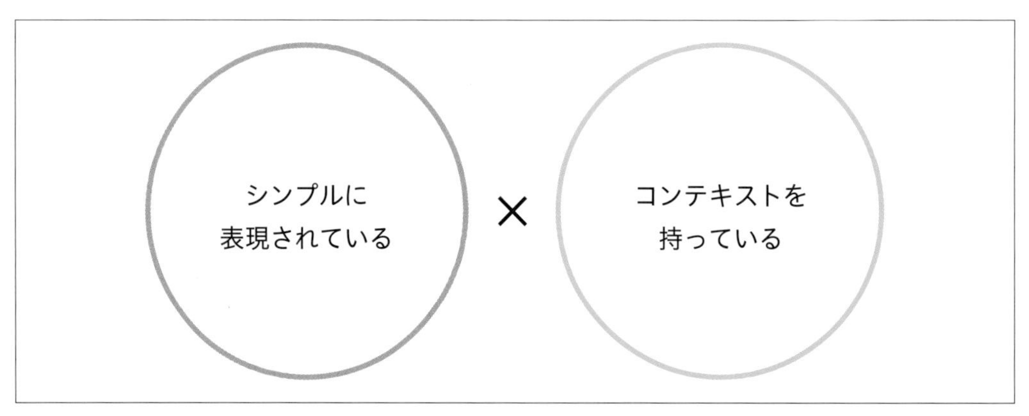

図2.1　美しいビジュアライゼーションの定義

シンプルに表現されている

データビジュアライゼーションの権威であるエドワード・タフテ氏は、シンプルに表現されているかどうかを計る1つの目安として、**データインク比**を提唱しています（**図2.2**）。

MEMO **データインク比**

ビジュアライゼーションに用いられたインク（＝コンピュータ上で言えばピクセル）が、必要な情報を表現するために欠かせないものだけを描画するために用いられている割合を指します。

データインク比は、「本質的に不要な要素が入っていないものが美しいデータ表現である」という考えに基づいています。

データインク比が小さいデータは図表をきれいに見せるための装飾など、データを表現する以外の情報が多く含まれているものです。逆にデータインク比が高いほど、必要な情報のみが表現されていると考えられます。つまり、「データインクが最大化されるようなビジュアライゼーションが優れている」と言えます（**図2.3左**）。

$$\text{データインク比} = \frac{\text{データインク（＝データを表すために使用されたインク）}}{\text{グラフィックに使用されたインク総量}}$$

$$= 1.0 - \text{消すことができるグラフィックの割合}$$

図2.2　データインク比

データインク比の低い例としては、背景の色が塗られていたり、必要以上に目盛りが細かいものや、立体になっているなど過剰な装飾がされているものが挙げられます（**図2.3右**）。ただし、目盛り線の刻みが細かい(＝インク比が低い状態の)チャートのほうがわかりやすいという人もいます。

これらのことから、シンプルであることを心掛けつつも、読み手の前提知識やその成熟度を考慮することが必要と言えます。

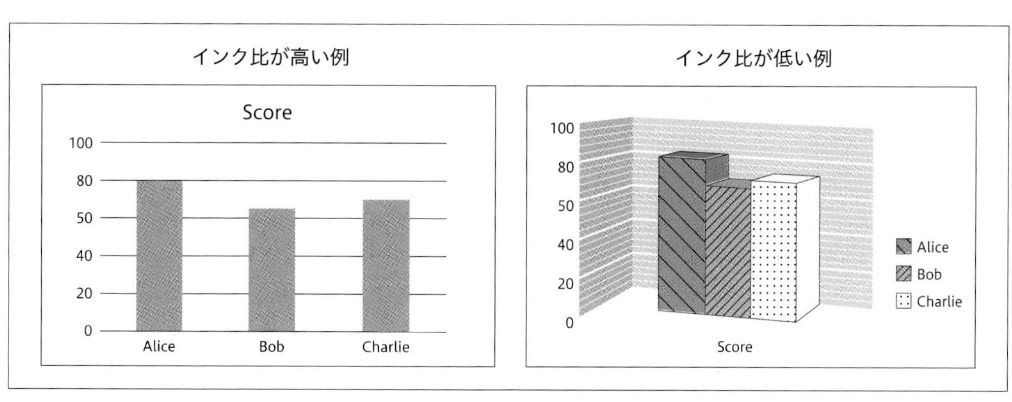

図2.3　データインク比の高い例と低い例

コンテキストを含んでいる

コンテキストを含んでいるビジュアライゼーションは、伝えたいメッセージが明確であるため読み手に背景知識があまりなかったとしても、理解の手助けとなります。

ビジュアライゼーションがコンテキストを含んでいる場合、読み手が既に持っている知識と組み合わせて、より深い理解が可能となります。

コンテキストが含まれているビジュアライゼーションは、(見た目の美しさも必要ですが)「機能的な美しさが備わっている」と言えます。

コンテキストを含んでいるということは、恣意的に印象を操作することではありません。

MEMO　悪い例：恣意的なデータの表現

データの差があまりないにもかかわらず、大きな差があるように見せる方法として、棒グラフの下限値を恣意的に操作する方法があります(**図2.4**)。ほかにも、円グラフを3Dグラフとして立体的に表現し恣意的な角度を付けることで、実際より多くの割合があるように見せるなどの表現が行われる場合があります。

データビジュアライゼーションにおいては、正しいデータを正しい表現をして評価することが重要です。恣意的な操作は、読み手に正しい理解を促すどころか、逆に不誠実な表現であるという印象を与えかねません。データにコンテキストを持たせることは重要ですが、恣意的に意見を誘導しようとしてはいけません。

誇張するのではなく、強調をしたい場合には、他の棒グラフよりも濃い色を使うことや、強調以外のグラフの色を無彩色にするなどの工夫をおすすめします。

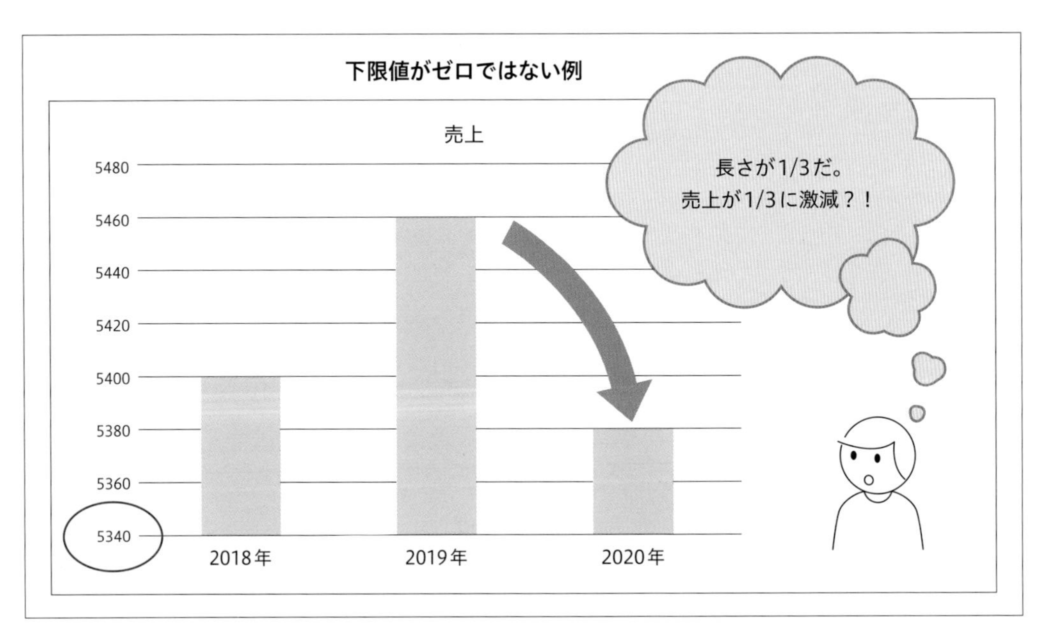

図2.4　恣意的に誇張された表現

02 データの種類とビジュアライゼーション表現

データビジュアライゼーションではデータの種類によって表現することが異なります。

データが持つ特性によって、ふさわしいビジュアライゼーション手法は異なります。それらについて見ていきましょう。

質的なデータと量的なデータ

まずデータの種類は、質的なデータと量的なデータに大きく分類できます。さらに尺度基準により、4つの尺度に分けられます（**表2.1**）。

質的データの情報は「名義尺度」「順序尺度」の2つの尺度に、量的データは「間隔尺度」・「比例尺度」の2つの尺度に分けられます。表の下に記載の尺度ほど厳密に測定されているもので、その上に記載されている尺度で表現できることも含んでいます。

データの種類やデータの尺度によって、データビジュアライゼーションで表現することが異なります。表現することが異なるため、そのデータは色で表現すべきなのか、形で表現すべきなのかなどの、「色」や「形」といった適している構成要素が異なります。

適している表現方法を用いていない場合には誤解を招くことになりますので、ビジュアライゼーションを行おうとしているデータの種類について意識をする必要があります。

データビジュアライゼーションの構成要素については次の節で解説します。

表2.1 データの種類とビジュアライゼーションで表現すること

データの種類	尺度	例	表現すること
質的データ（質的変数）	名義尺度	性別・所属	他との区別を表現する
	順序尺度	ランク評価	大小関係を表現する
量的データ（量的変数）	間隔尺度	温度・時刻	差を表現する
	比尺度	売上・体重	大きさ・比を表現する

03 ビジュアライゼーションの構成要素

データビジュアライゼーションにおいて用いられる視覚表現の要素について取り扱います。

ビジュアライゼーションには色や大きさや位置などの構成要素によってデータの表現を行います。どのような構成要素があるか見てみましょう。

色

色はデータビジュアライゼーションで、とてもよく利用される要素です。

色には3つの構成要素があり、それぞれ色相・明度・彩度と呼ばれます。

データビジュアライゼーションにおいては、これら色相・明度・彩度の違いによって、他との区別や値の大小を表現します。色による表現は、質的データにも量的データにも用いられます（図2.5）。

色相

色相とは「赤」「青」などの**色合いのこと**を指します。色相は**色相環**で表現されます。

明度

明度は**明るさ**のことを指します。明度を変化させると、暗い色や明るい色に変化させることができます。

彩度

彩度は**鮮やかさ**を言います。彩度が0（ゼロ）のものは**無彩色**と呼ばれ、白・黒・グレーがそれに該当します。例えば、プレゼンテーションの資料を白黒印刷する時は、あらかじめ図表などを無彩色で作成するなど、前もって考えておく必要があります。

また、データビジュアライゼーションにおいては、重要でないものを無彩色で塗ることで、重要なものを強調することができます。

MEMO 色相環

色を体系的に見るため、色相を環状に置いたものです。

色については本書の付録にも記載をしています。

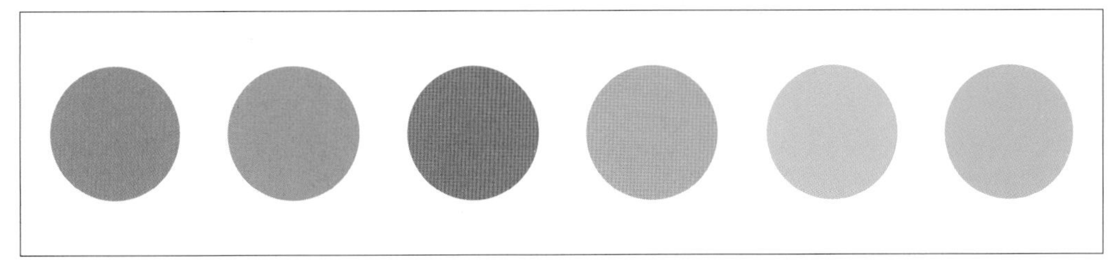

図2.5　色

位置

基本的なチャートにおいては位置は量的データの表現によく利用されます。

ビジュアライゼーションにおいて、**位置の違い**を利用した表現方法はよく見られます。例えば、データ分析で利用される散布図は、位置の違いによってデータの傾向を見る手法です（図2.6）。

その他、地図上で可視化する際に、位置は場所そのものの情報を指す重要な概念の1つです。

図2.6　位置

大きさ

データビジュアライゼーションにおいては大きさは値の大小を表現します。

例えば、図表の面積が大きければ、その数値の持つ量は大きいということがわかります（図2.7）。この場合、読み手は面積が大きいほど値が「大きい」「多い」と認識します。そのため、**大きさ**は名義尺度（性別などを比較する場合など）を区別することには向いていません。

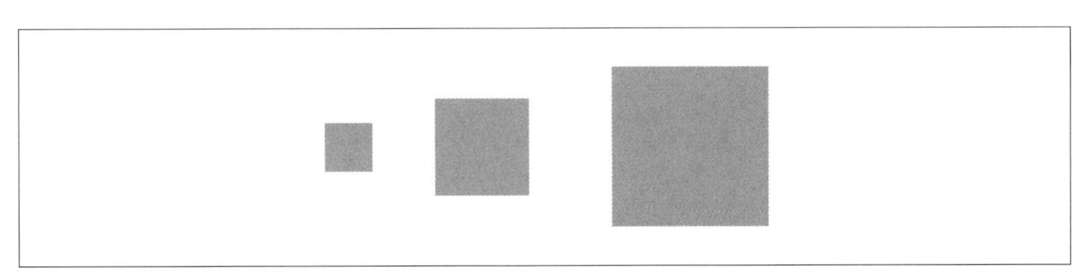

図2.7　大きさ

長さ

長さは「大きさ」のうちの1つと考えることができます。面積を表す時に利用する「大きさ」よりも形状がシンプルなので、読み手にとっては、理解しやすい表現です（**図2.8**）。

例えば「線の長さ」と「線の太さ」が異なる場合であれば、「長さ」と「大きさ」が異なると解釈することができます。

長さが長いほど、読み手は値が大きいと認識します。長さは、縦グラフ・ヒストグラム・ボックスプロットなど様々な基本的な図形で用いられる要素です。

データビジュアライゼーションにおいて、長さは量的データで用いられます。

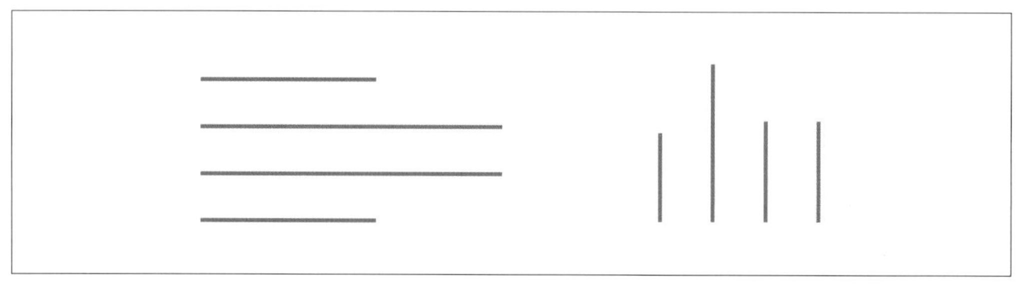

図2.8　長さ

形

形は、ほかとの違いを表現する際によく利用されます（**図2.9**）。例えば散布図においては、散布に用いられる点の形を変えることで、属性の違いを表現することができます。

折れ線グラフにおいて、線の種類を破線にすることも形の違いに含まれます。形での表現の違いは、量的データ（量的変数）にはあまり適しておらず、質的データ（質的変数）の違いを表現することに適しています。

形には文化や慣習で形自体に意味があるものもあります。普段、日常生活でよく目にする**ピクトグラム**もその1つです。ピクトグラムの詳細は第8章で解説します。

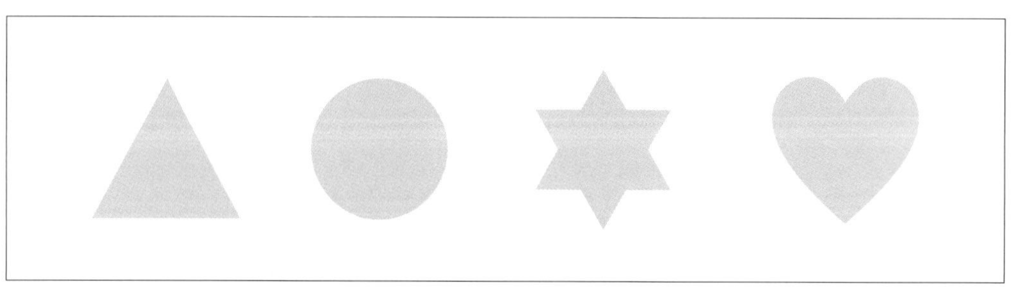

図2.9　形

傾き・角度

傾きの大きさにより他との比較を行うことに利用されます（**図2.10**）。

グラフによる表現の例として折れ線グラフがあります。折れ線グラフでは線の傾きの大きさで変化の大小を表現しています。

角度は他のデータとの大小の比較に用いられます。角度を用いて表現する例として円グラフがあります。円グラフは円を分ける線の角度で割合の大小を表現しています。

傾きや角度は量的データの違いを表現する際によく用いられます。

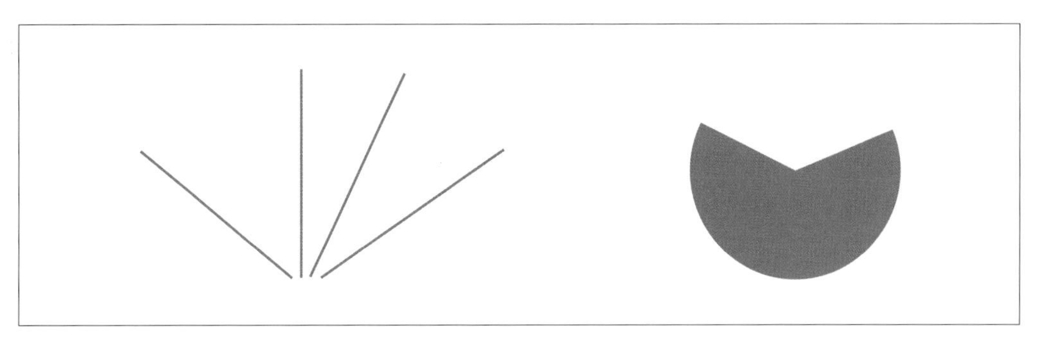

図2.10　傾き・角度

MEMO　**角度と面積**

円グラフは内角の角度の大きさで大小を表現する方法ですが、実際には人は扇形の面積で大小を認識していることが多いと言われています。人間の視覚は面積で大小を正確に把握することが得意ではないため、円グラフはデータの表現として好まれない場合があります。
面積による違いよりも長さによる違いがより正確に理解されるため、割合は100％積み上げ縦棒・横棒グラフで表現されることが多くあります。

04 データの表現における ゲシュタルトの法則

データビジュアライゼーションと関連の深いゲシュタルトの法則について解説します。

デザインにおいて重要な概念の1つに**ゲシュタルトの法則**があります。この認知の法則を理解しておくと、ビジュアライゼーションを行う際により人に伝えやすい表現ができます。

MEMO　ゲシュタルトの法則
目から入ってきた情報を理解する時の認識の法則です。視界の中に複数の要素が入っている場合に、複数の要素を組み合わせて全体の状況を認識するという法則です。

ゲシュタルトの法則はデザインの分野では非常によく利用されており、情報のデザインにおいても有効な考え方です。

データビジュアライゼーションでは、よく「1つ図表の中に複数の情報を含める」ことがあります。グラフやチャートは、ゲシュタルトの法則の概念を取り入れています。ゲシュタルトの法則を理解すれば、人間の目の認識特性を活かして、効率的に情報を伝えることができます。

以降では、ゲシュタルトの法則のうちデータビジュアライゼーションでよく用いられている法則について解説します。

近接性

物体同士が近くにあると同一・類似した1つのグループとして認識されやすくなります。このことを**近接性**と言います（**図2.11**）。

データ分析で近接性を用いている例として、散布図があります。散布図では近くにある点は類似した傾向であるとして認識されます。

図2.11　近接性

連続性

連続しているものは繋がりがあると認識されます。これを**連続性**と言います（図2.12）。

データ分析で連続性を用いた例として、時系列の折れ線グラフが挙げられます。時系列の折れ線グラフでは、1つの線で繋がっているもの同士に時間的な関係があることを示しています。

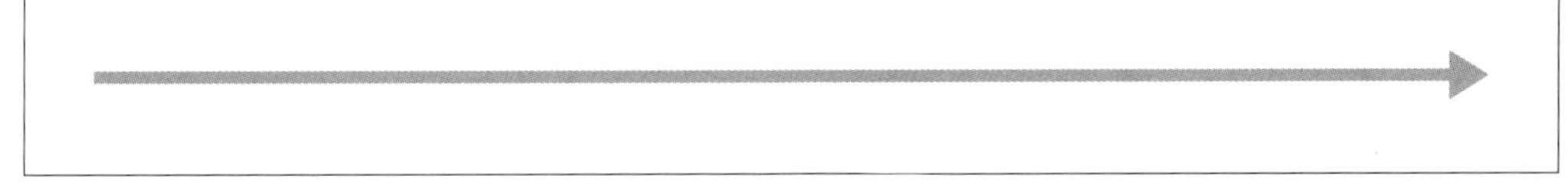

図2.12　連続性

類似性

色や形が類似しているものは、同じグループに属していると認識されます。これが**類似性**です（図2.13）。例えば、チャート内の図形の形が似ていると、人は類似したものとして認識します。

散布図で属性によって形を変える場合は極端に似た形にすると同じような属性を持つと思わせてしまいます。

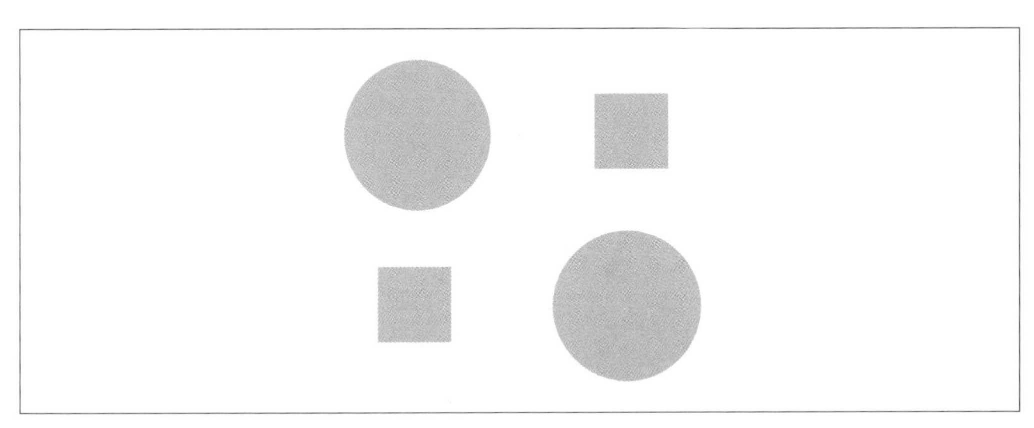

図2.13　類似性

包囲

1つの線で囲われていたり、同一の背景色の中にまとめられていたりすると、人は同一の性質を持っていると認識します。この性質を**包囲**と言います（図2.14）。

データビジュアライゼーションでは地図を利用した表現によく用いられます。例えば、地図上で同一円や同一色で囲われたエリアが同じ性質を持つヒートマップなどが挙げられます。

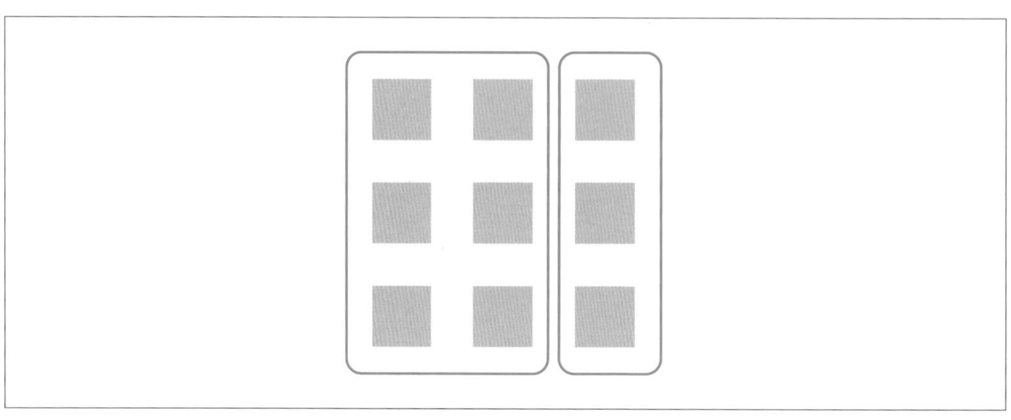

図2.14　包囲

対称性

左右や上下などで対称的に表現すると、左右や上下で似たものが並んでいると人は認識します。これを**対称性**と言います（図2.15）。

よく見かけるチャートで対称性が使われる例としては、人口ピラミッドが挙げられます。横向きの棒グラフを年齢別に用い、男女を対称に表示しています。

図2.15　対称性

05 ビジュアライゼーションで注意すべきこと

データビジュアライゼーションをする際の注意点について解説します。

読み手の負荷を考える

情報を詰め込みすぎない

情報量の多さに比例して、理解にかかる時間が増加するということが知られています。

1つのグラフに多くの情報を詰め込むよりも、グラフを分けたほうが理解が速い場合があります。

例えば、2つの折れ線グラフを1つに統合して左右に別の軸を持つ折れ線グラフがありますが、軸ごとにスケールが違うため、数値の把握には時間がかかります。また、複数の折れ線グラフを1つに含めることで線が重なりやすくなり、見えなくなる場合もあります。

このように、複数の情報を詰め込むことで読み手の負荷が増えるため、別のグラフとして作成をしたほうが良い場合が多くあります。

色を多用しすぎないこと

多くの色が乱用されると、かえって「わかりやすい表現」から遠く離れてしまいかねません。

色分けに意味がない場合は、同一の色を使用するなどの工夫が必要です。また、似た色は似た属性を持つと認識されるため、色が多用されて偶然類似した色が使用された場合に区別が難しくなります。

違いを表現したい時でなければ色分けをしないほうが、より良い表現に繋がります。

視線を意識する

人はものを見る時に左から右や上から下に順序立てて見るようにはできていません。人の目は強調されているものを優先して注視するようにできています。

そのために重要なものを強調したり、配置を工夫することでより解釈のスピードを促進することができます。

伝えるべき情報を図表内に表現する

情報を読み取る際、必要な情報が含まれていないと、読み手は誤った解釈をしかねません。

例えば色によって違いを表現しているにもかかわらず、それを説明する凡例がない場合には、明確な解釈はできません。

ビジュアライゼーションをシンプルにしようとするほど、不要な装飾は削ぎ落としていくことになりますが、必要な情報まで落としてしまわないように注意する必要があります。

MEMO　誤解を招く表現

関係ないものを繋げること

ゲシュタルトの法則の「連続性の法則」で触れたとおり、折れ線で２つの個体が繋がっているとそれらは繋がりを持った関係であるという認識を持ちます。

しかし、関係性がないにもかかわらず、折れ線グラフで関係のない個体を繋げている例は多く見受けられます。

このような場合にはグラフ自体にも繋がりのない表現をすることで誤解を避けることができます（図2.16）。

良くない例

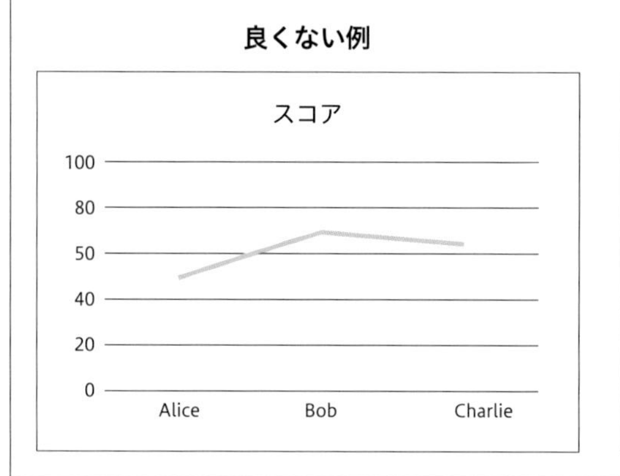

適した例

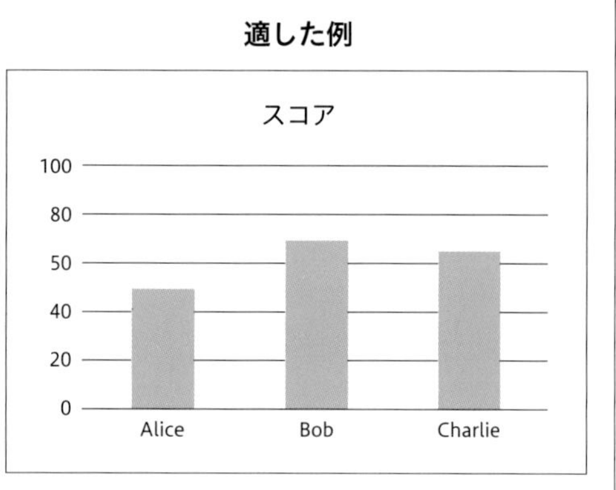

図2.16　関係性がないもの

Chapter 3

本書で使用する環境について

本書で利用する環境について解説します。本書では初心者にも使いやすいAnaconda（アナコンダ）を利用して解説を進めます。

01 Anacondaのインストール

本書では、Anacondaを利用して、コードおよび出力結果を見ていきます。

Anacondaの環境の準備

Pythonでビジュアライゼーションを行う前に環境を準備しましょう。
本書ではPythonを動かすための環境として、Anacondaを利用します。

Anacondaのダウンロード

Anacondaのインストーラのあるダウンロードサイトにアクセスして（**図3.1**）、Windows、macOSなど、利用しているOSに合ったものを選択します。本書はWindowsで環境を構築し、Pythonのバージョンは3.7を利用するので、「Anaconda3-2019.10-Windows-x86_64.exe」もしくは「Anaconda3-2019.10-Windows-x86.exe」のインストーラをクリックしてダウンロードします。64ビット版と32ビット版がありますが、利用しているOSが何ビット版かを確認し、該当するほうを選んでダウンロードします（**図3.1**）。本書では64ビット版を利用します。

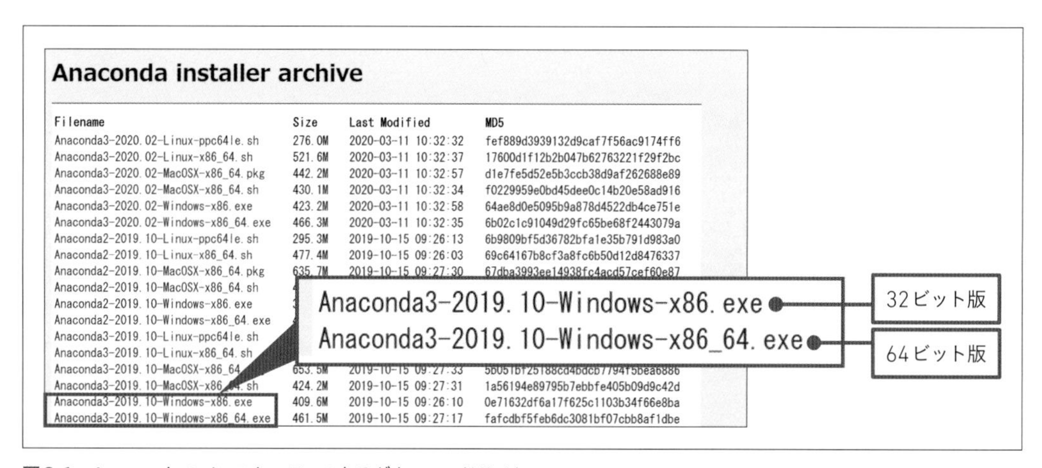

Anaconda installer archive

Filename	Size	Last Modified	MD5
Anaconda3-2020.02-Linux-ppc64le.sh	276.0M	2020-03-11 10:32:32	fef889d3939132d9caf7f56ac9174ff6
Anaconda3-2020.02-Linux-x86_64.sh	521.6M	2020-03-11 10:32:37	17600d1f12b2b047b62763221f29f2bc
Anaconda3-2020.02-MacOSX-x86_64.pkg	442.2M	2020-03-11 10:32:57	d1e7fe5d52e5b3ccb38d9af262688e89
Anaconda3-2020.02-MacOSX-x86_64.sh	430.1M	2020-03-11 10:32:34	f0229959e0bd45dee0c14b20e58ad916
Anaconda3-2020.02-Windows-x86.exe	423.2M	2020-03-11 10:32:58	64ae8d0e5095b9a878d4522db4ce751e
Anaconda3-2020.02-Windows-x86_64.exe	466.3M	2020-03-11 10:32:35	6b02c1c91049d29fc65be68f2443079a
Anaconda2-2019.10-Linux-ppc64le.sh	295.3M	2019-10-15 09:26:13	6b9809bf5d36782bfa1e35b791d983a0
Anaconda2-2019.10-Linux-x86_64.sh	477.4M	2019-10-15 09:26:03	69c64167b8cf3a8fc6b50d12d8476337
Anaconda2-2019.10-MacOSX-x86_64.pkg	635.7M	2019-10-15 09:27:30	67dba3993ee14938fc4acd57cef60e87
Anaconda2-2019.10-MacOSX-x86_64.sh	[illegible]	[illegible]	[illegible]
Anaconda2-2019.10-Windows-x86.exe	[illegible]	[illegible]	[illegible]
Anaconda2-2019.10-Windows-x86_64.exe	[illegible]	[illegible]	[illegible]
Anaconda3-2019.10-Linux-ppc64le.sh	[illegible]	[illegible]	[illegible]
Anaconda3-2019.10-Linux-x86_64.sh	[illegible]	[illegible]	[illegible]
Anaconda3-2019.10-MacOSX-x86_64[illegible]	653.5M	2019-10-15 09:27:33	[illegible]
Anaconda3-2019.10-MacOSX-x86[illegible].sh	424.2M	2019-10-15 09:27:31	1a56194e89795b7ebbfe405b09d9c42d
Anaconda3-2019.10-Windows-x86.exe	409.6M	2019-10-15 09:26:10	0e71632df6a17f625c1103b34f66e8ba
Anaconda3-2019.10-Windows-x86_64.exe	461.5M	2019-10-15 09:27:17	fafcdbf5feb6dc3081bf07cbb8af1dbe

図3.1 Anacondaのインストーラーのあるダウンロードサイト
URL https://repo.anaconda.com/archive/

インストールする

Anacondaのインストーラ（Anaconda3-2019.10-Windows-x86_64.exe）をダウンロードできたら、インストーラをダブルクリックします。

「Welcome to Anaconda3 2019.10（64-bit）Setup」ウィザードが表示されます（**図3.2**）。ウィザードにしたがってインストールします①～⑦。

最後に「Finish」をクリックすれば⑧、Anacondaのセットアップは完了です。これでPythonが動かせるようになります。

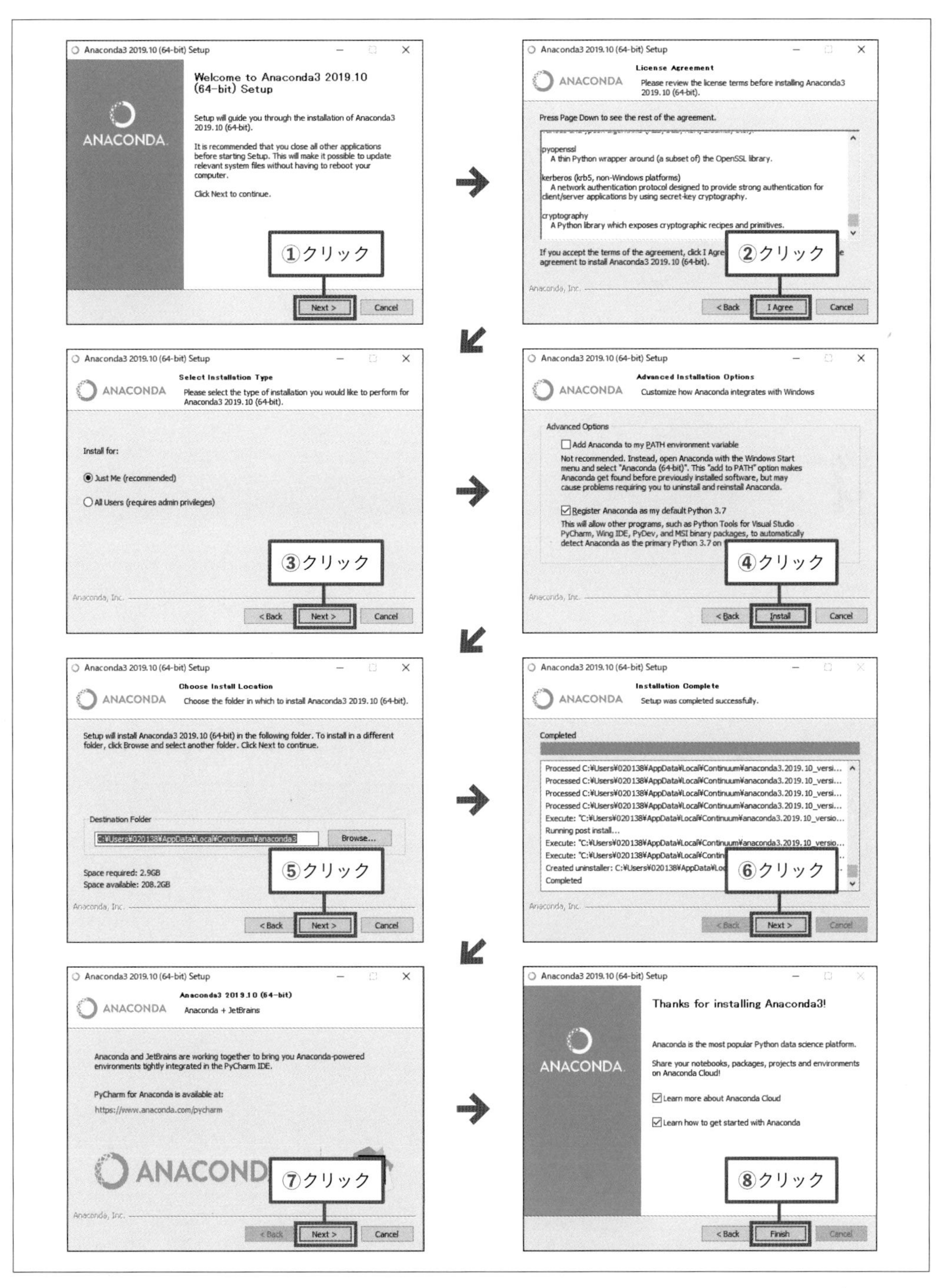

図3.2 「Welcome to Anaconda3 2019.10 (64-bit) Setup」ウィザード

02 Jupyter Notebookの利用

Jupyter NotebookでPythonを実行する方法を解説します。

本書ではJupyter Notebookでプログラムの実行をしていきます。

Jupyter Notebookはコードの実行結果（散布図やヒストグラムなど）がコードのすぐ下に表示されるため、ビジュアライゼーションをするのに適しています。Anacondaをインストールすると Jupyter Notebookが使えるようになっています。

Jupyter Notebookを立ち上げる方法は複数ありますが、ここでは簡単な方法を紹介します。具体的には、タスクバーの検索ボックスに「jupyter」と入力すると（**図3.3**①）、Jupyter Notebookが検索結果に表示されるので、選択します②。

図3.3 Jupyter Notebookの起動

ブラウザは自身でデフォルトに設定しているブラウザが起動します。ブラウザをGoogle ChromeやFirefoxに変更する場合は、Jupyter NotebookのPromptに表示される以下の部分のURLをコピーして、指定のブラウザのアドレスバーにURLをペーストしてください。

[**Jupyter NotebookのPrompt**]

```
(…略…)
[C 12:38:21.976 NotebookApp]

    Copy/paste this URL into your browser when you connect for the first time,
    to login with a token:
        http://localhost:8888/?token=XXXXXXXXXXXXXXXXXXXXXXXXXXXXXXXXXXXXXXXXXXXXXXXX
```

URLをコピー（Xはランダムな英数字）

新しいノートブックの作成

Jupyter Notebookを立ち上げたら、コードを入力して実行できる画面に移動しましょう。右上の「New」のプルダウンメニューから「Python 3」を選択します（**図3.4**①②）。

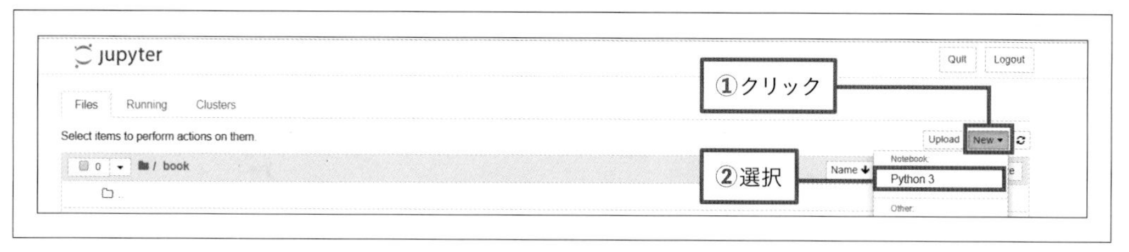

図3.4　新規ノートブックの作成

Pythonのコードを実行する

Jupyter Notebookには、Pythonを実行してビジュアライゼーションするのに必要な最低限の環境が整っています。

初めにファイルの名前を変更します。Jupyterのロゴマークの右横にある「Untitled」と書かれた箇所をクリックすると（**図3.5**①）、「Rename Notebook」ウィンドウが表示されます。新規に付けたいファイル名を記入して②、「Rename」をクリックします③。ここではファイル名に「test」と入力しました。「Untitled」と表示されていた名前が「test」に変わります④。

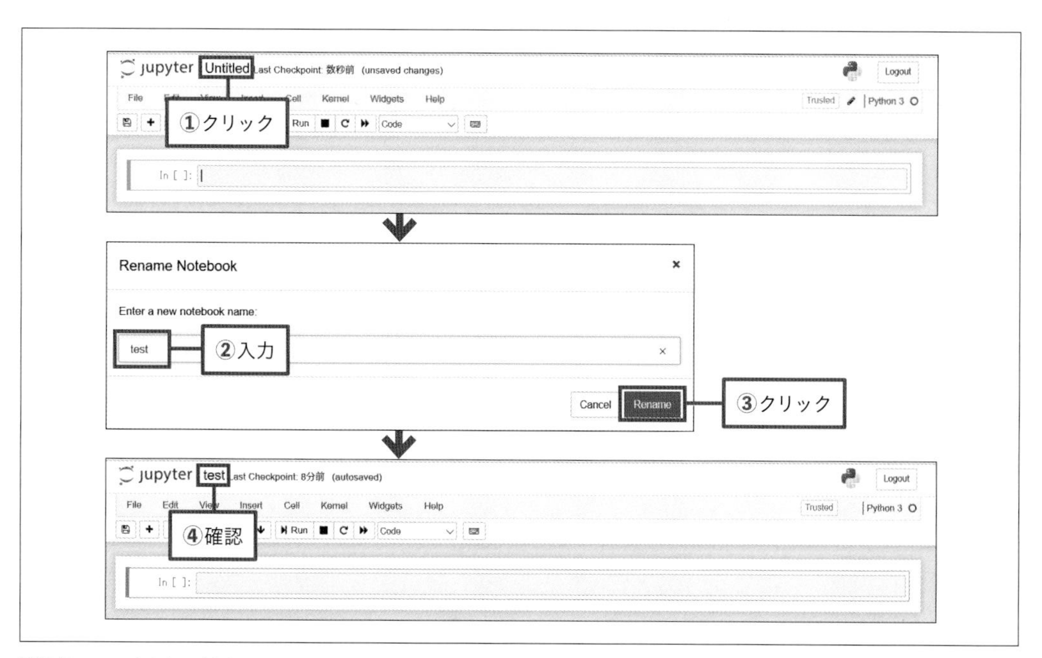

図3.5　ファイル名の変更

セルに「print("Hello World!")」と入力してください（**図3.6**①）。入力したらプログラムを実行するため「Run」をクリックします②。もしくは［Shift］＋［Enter］キーを押してください。

リスト3.1、**図3.6**のように「Hello World!」と表示されます。

リスト3.1 Hello World!

In
```
print("Hello World!")
```

Out
```
Hello World!
```

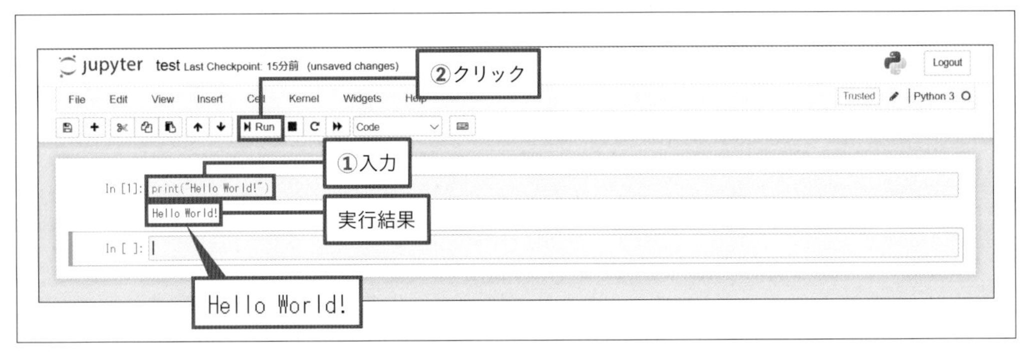

図3.6 プログラムの実行

第4章以降のコードは、このJupyter Notebookのノートブックファイルにコードを書いて実行していきます。

03 ライブラリのインストール

ビジュアライゼーションに必要なライブラリのインストールを行う必要があります。

本書ではPythonに用意されている様々なライブラリを用いて、様々なビジュアライゼーション手法を紹介します。

ライブラリを用いることで複雑なビジュアライゼーションであっても、短いコードで実行することができます。いくつかのライブラリはAnacondaをインストールする際に併せてインストールされていることもありますが、必要なライブラリは実行前にインストールを行っておく必要があります。

必要なライブラリのインストール

本書に出てくる環境で実行しようとした際にエラーが出た際は実行しているプログラムに使用しているライブラリがインストールされているかを確認してください。

必要なライブラリがインストールされていない時はAnaconda Promptを立ち上げて（**図3.7①②**）、インストールをする必要があります。

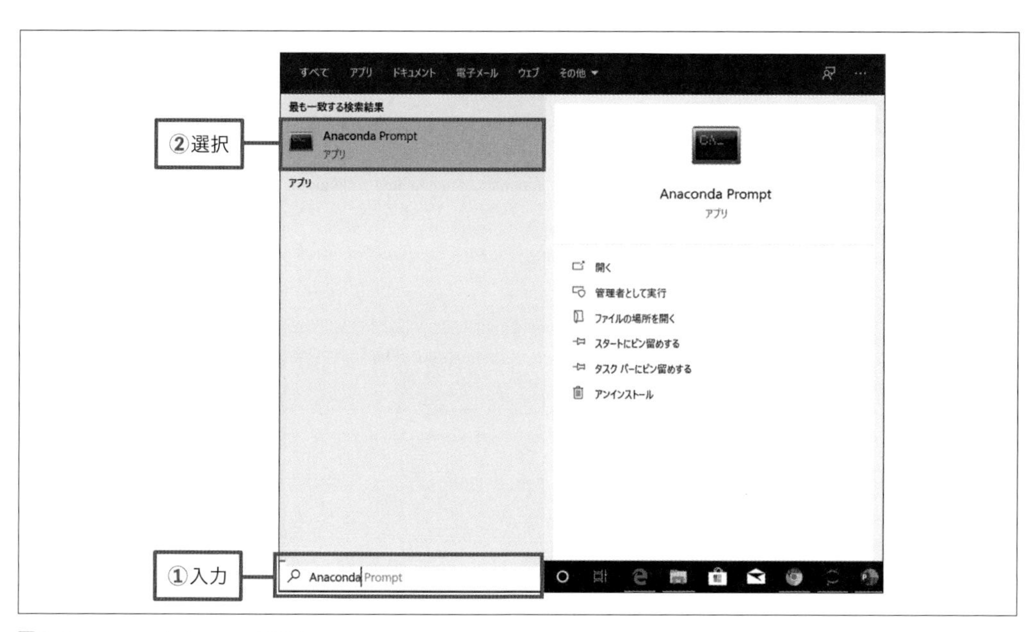

図3.7 Anaconda Promptの起動

Anaconda Promptが起動したら、「conda install (ライブラリ名)」と入力して（**図3.8**）、必要なパッケージをインストールします。本書の実行にあたって必要なライブラリは次節の**表3.1**に記載しています。例えばfoliumという名前のライブラリをインストールする場合は、以下のコマンドを入力して［Enter］キーを押して実行します。

［**Anaconda Prompt**］

```
conda install folium
```

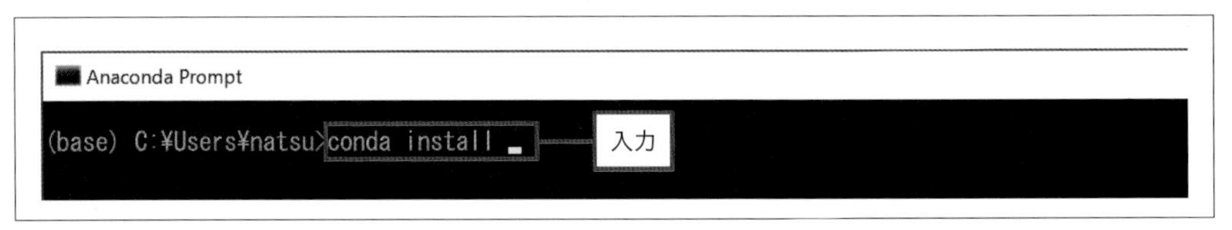

図3.8　Anaconda Promptでcondaコマンドを入力

condaコマンドでは管理できないライブラリの場合は、condaコマンドではエラーが出てしまいます。そのような場合はpipコマンドでインストールできます。

「pip install (ライブラリ名)」と入力して（**図3.9**）必要なパッケージをインストールします。

［**Anaconda Prompt**］

```
pip install plotly
```

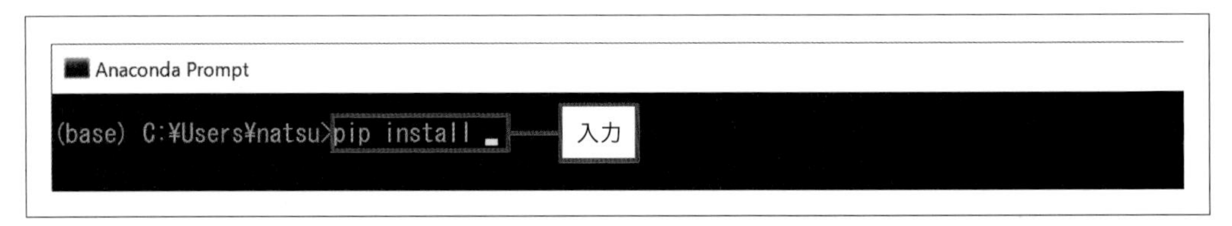

図3.9　Anaconda Promptでpipコマンドを入力

本書で必要なライブラリを一括でインストールするコマンドは次節の「ライブラリのインストールのコマンド」を参照してください。

04 本書で動作する環境のまとめ

本書で実行する環境について解説します。

本書では以下の環境（**図3.10**）でビジュアライゼーションの実行を行います。実行環境が異なるとエラーが生じる可能性があります。

- 環境
  OS：Windows 10（64ビット版）
  ブラウザ：Google Chrome（第6章のみFireFox）

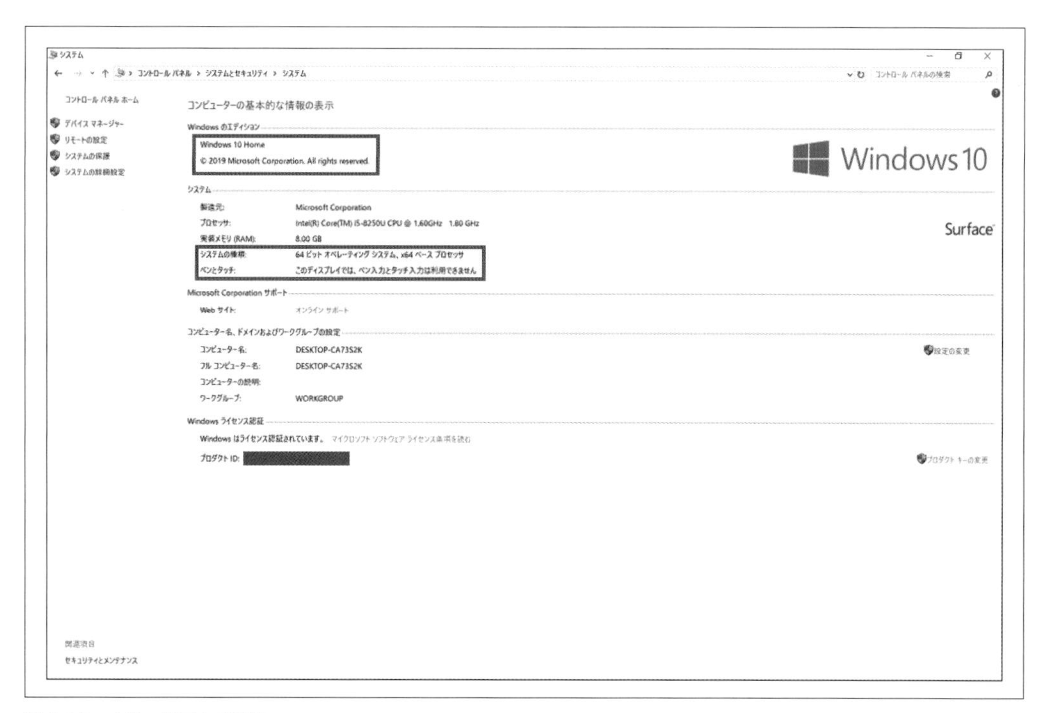

図3.10　本書で使用する環境

第4章以降ではライブラリを用いてデータの加工やビジュアライゼーションを行っていきます。

その際にライブラリに関するエラー（ModuleNotFoundErrorなど）が出たら、ライブラリがインストールされていない場合があります。

本書で使用する環境には**表3.1**のライブラリがインストールされている状態です。

プログラム実行時に、ライブラリに関するエラーが表示されて、新たにライブラリをインストールをした際にはJupyter Notebookを立ち上げ直す必要があります。

- Pythonとライブラリのバージョン
  Pythonのバージョン：3.7.3
  使用するライブラリのバージョン（**表3.1**）

表3.1　使用するライブラリのバージョン

本書で使用しているライブラリ	本書の環境のバージョン
branca	0.3.1
folium	0.10.0
geoplotlib	0.3.2
ipython	7.5.0
janome	0.3.9
matplotlib	3.1.1
numpy	1.16.5
pandas	0.25.1
pillow	6.1.0
plotly	4.1.1
scipy	1.3.1
seaborn	0.9.0
squarify	0.4.3
statsmodels	0.10.1
wordcloud	1.5.0

ATTENTION　プログラムエラーが起きたり動作しない時

ライブラリのバージョンが違うと動作しないことがあります。また、ブラウザによっては動作しないライブラリが存在するため、うまく動作しなかった場合は実行環境を見直すことをおすすめします。

ライブラリのインストールのコマンド

本書で使用するライブラリは以下の2つのコマンドを実行することでインストールができるようになっています。

Anaconda Promptで以下のコマンドを実行してください。

[Anaconda Prompt]

```
pip install branca==0.3.1 folium==0.10.0 geoplotlib==0.3.2 janome==0.3.9 ➡
squarify==0.4.3 wordcloud==1.5.0
```

[Anaconda Prompt]

```
conda install ipython==7.5.0 matplotlib==3.1.1 numpy==1.16.5 pandas==0.25.1 ➡
pillow==6.1.0 plotly==4.1.1 scipy==1.3.1 seaborn==0.9.0 statsmodels==0.10.1 -y
```

本書で使用する環境の構築ができたら、次の章から実際にJupyter Notebookのノートブックファイルにコードを書いて、Pythonでデータを取り扱っていきましょう。

本書ではサンプルデータやサンプル画像を読み込んで実行していきます。

本書のサンプルのダウンロードサイトよりファイルをダウンロードして、コード実行するJupyter Notebookのノートブックファイルと同じフォルダに配置してください。

- **本書のダウンロードサイト**

  URL http://www.shoeisha.co.jp/book/download/9784798163970

05 仮想環境の構築（参考）

仮想環境を作って作業する場合の、仮想環境の構築方法を解説します。

仮想環境を構築しなくてもPythonのプログラムを実行することができます。

本書を実行するにあたってこの節に記載の内容は実行する必要はありません。将来的にたくさんの分析を行うようになった際、ライブラリのバージョンを管理したい場面に遭遇することがあります。そのような時は仮想環境を作ると便利ですので、紹介いたします。

ここで紹介する仮想環境の構築とは、1つのコンピュータ内に複数のPythonの実行環境を構築することです。

仮想環境を複数作ることで複数の異なる分析環境を構築することができ、ライブラリのバージョン管理がしやすくなります。

ライブラリのバージョンにより挙動が異なるため仮想環境を構築することがよく行われますので、ここでは仮想環境の構築方法を解説します。

仮想環境は以下のコマンドで構築できます。

［Anaconda Prompt］

```
conda create -n 仮想環境の名前
```

本書と同様のPythonのバージョンを指定して実行する際は以下のコマンドを実行してください。Pythonのバージョンはpython=(バージョン番号)で指定します（今回は「vis」という名称の仮想環境を作ります）。

［Anaconda Prompt］

```
conda create -n vis python=3.7.3
```

作成した仮想環境を起動するコマンドはconda activate (仮想環境名)です。

［Anaconda Prompt］

```
conda activate vis
```

仮想環境ができたら、仮想環境でライブラリのインストールを行います。

condaコマンドでバージョンを指定してインストールする際には、Anaconda Promptでconda install (ライブラリ名)==(バージョン番号) を実行します。

[Anaconda Prompt]

```
conda install folium==0.10.0
```

pipコマンドでバージョンを指定してインストールするにはAnaconda Promptで、pip install (ライブラリ名)==(バージョン番号) を実行します。

[Anaconda Prompt]

```
pip install wordcloud==1.5.0
```

使用している仮想環境を終了させる時のコマンドはconda deactivateです。

[Anaconda Prompt]

```
conda deactivate
```

仮想環境へのライブラリなどのインストールのコマンド

本書で使用するライブラリは以下の2つのコマンドを実行することでインストールができるようになっています。

仮想環境にインストールする際は、仮想環境のAnaconda Promptで以下のコマンドを実行してください。

[Anaconda Prompt]

```
pip install branca==0.3.1 folium==0.10.0 geoplotlib==0.3.2 janome==0.3.9 ➡
squarify==0.4.3 wordcloud==1.5.0
```

[Anaconda Prompt]

```
conda install ipython==7.5.0 matplotlib==3.1.1 numpy==1.16.5 pandas==0.25.1 ➡
pillow==6.1.0 plotly==4.1.1 scipy==1.3.1 seaborn==0.9.0 statsmodels==0.10.1 ➡
jupyter -y
```

もし、仮想環境の構築を行った際には、Jupyter Notebook の起動の際に、Jupyter Notebook（仮想環境名）と表示される方を選択して、起動する必要があります。

- 例：仮想環境名が「vis」の場合は「Jupyter Notebook（vis)」を起動

Chapter 4

Pythonでの
データ取り扱いの基本

ビジュアライゼーションを行う前に、基本的なデータの操作方法について解説します。

01 データ処理で使用するライブラリ

データビジュアライゼーションでの前処理を行うためのライブラリを紹介します。

本章からはJupyter Notebookのノートブックファイルにコードを書いて実行しながら進めましょう。第3章02節「Jupyter Notebookの利用」を参考にJupyter Notebookを起動してください。

NumPy

NumPyはPythonを利用して科学的計算を行うための基本的なライブラリです。配列における計算や配列間の演算を行うための関数が含まれています。

NumPyの関数の呼び出しは、**np.関数名**での呼び出しが一般的です。本書においても同様に行うため、NumPyのインポートは**リスト4.1**のように**import numpy as np**で行います。

リスト4.1 NumPyのインポート

In
```
import numpy as np
```

pandas

pandasはデータ構造と関数が含まれています。pandasのオブジェクトであるDataFrame（データフレーム）という2次元の表形式でデータを保持することができます。表計算ソフトになじみが深い人にはデータの取り扱いがわかりやすい形式となっています。pandasのインポートは**リスト4.2**のように入力して行います。

リスト4.2 pandasのインポート

In
```
import pandas as pd
```

janome

janomeは日本語の文字列の情報を取り扱う際に使用するライブラリです。

文字列情報を取り扱う際に、日本語をビジュアライズするにあたっての前処理に使用します。

janomeのインポートは**リスト4.3**のように入力して行います。

リスト4.3 janomeのインポート

In
```
import janome
```

02 ビジュアライゼーションで使用するライブラリ

ビジュアライゼーションを行う際には様々なライブラリを用います。

matplotlib

matplotlibは、Pythonを利用したビジュアライゼーションで非常によく利用されている定番のライブラリです。Jupyter NotebookといったPythonの開発環境上でグラフなどを表示できます。

なお、本書で使用するmatplotlibのバージョンを使用する場合はPythonのバージョンが3以上である必要があります。matplotlibは**リスト4.4**ように入力してインポートします。

リスト4.4 matplotlibのインポート

In
```
import matplotlib.pyplot as plt
```

seaborn

seabornはmatplotlibをベースにしたPythonのデータビジュアライゼーションのライブラリで、統計的なビジュアライゼーションをより良い見た目で描くことができます。

seabornのインポートは**リスト4.5**のように入力して行います。

リスト4.5 seabornのインポート

In
```
import seaborn as sns
```

plotly

plotlyはデフォルト設定でもある程度見た目もきれいで動的なグラフを作成することができるライブラリです。

対話的にデータを操作できることが特徴であり、(本書では取り扱いませんが) 3Dのグラフを作成することもできます。

folium

foliumは地図上に情報を表現するビジュアライゼーションに適しているライブラリです。

OpenStreetMap（URL https://www.openstreetmap.org/）など、様々な地図を用いて情報を表現できるようになっています。

wordcloud

wordcloudはワードクラウドを作成するためのライブラリで、文字情報を可視化することができ、単語で空間を埋めることができます。

とてもシンプルなコードを入力するだけで、ワードクラウドを描画できます。また、単純なワードクラウドだけでなく、画像の形に合わせたワードクラウドを描画できます。

pillow

pillowは画像を扱う際に使用するライブラリで、本書においては数値情報を画像で表現する際に利用します。

本書においては、第8章で数量を画像を用いて表現するビジュアライゼーションである「インフォグラフィックのビジュアライゼーション」で使用します。

03 Pythonで扱うデータ構造

データのビジュアライゼーションで特によく使うデータの構造について解説します。

データ形式

リスト

リストはデータを格納する配列です。

[ ]で定義するとリスト型でデータを格納することができます（**リスト4.6**）。

リスト4.6　リストの例

In
```
sample_list = [1, 2, 3, 4]
sample_list
```

```
[1, 2, 3, 4]
```

In
```
type(sample_list)
```

Out
```
list
```

Series（シリーズ）

pandasのデータ形式の1つにシリーズ形式があります。

1次元のリストの値とインデックスが付いたオブジェクトです。インデックスは**0**から付与されます（**リスト4.7**）（シリーズオブジェクトを作成した時にインデックスを付与しないようにした場合を除く）。

リスト4.7　シリーズ形式の例

In
```
sample_series = pd.Series([1,2,3])
sample_series
```

Out
```
0    1
1    2
2    3
dtype: int64
```

In
```
type(sample_series)
```

Out
```
pandas.core.series.Series
```


DataFrame（データフレーム）

データ分析に用いるデータは基本的にpandasデータフレームのデータ構造で扱います。データフレームはシリーズオブジェクトの集合体で、行と列の形式で保有しています。

データフレームを作成するには、**pd.DataFrame**関数の引数としてデータを記載します。ここでは例として名前と点数というカラム名を持つデータフレームを作成します（**リスト4.8**）。

リスト4.8　データフレームの例

In
```
sample_df = pd.DataFrame({
    "名前": ["Alice", "Bob", "Charlie"],
    "点数": [78, 65, 90]
})
sample_df
```

Out

	名前	点数
0	Alice	78
1	Bob	65
2	Charlie	90

In
```
type(sample_df)
```

Out
```
pandas.core.frame.DataFrame
```

04 基本的な操作

データビジュアライゼーションで必要となるデータの基本的な取り扱いについて学びます。

CSVファイルを読み込む

データ分析をする際にデータをCSV形式で保存しているものを分析することが多いと思います。ここではCSV形式のファイルの読み込み方を紹介します。

まずCSVファイルを読み込んでデータフレームとして保存します。

翔泳社のサンプルのダウンロードサイトより読み込み用サンプルデータのCSVファイル「read_sample.csv」をダウンロードできます。サンプルデータをダウンロードしたら、ダウンロードしたCSVファイルをJupyter Notebookのファイルと同じフォルダに配置し、**read_csv**関数で読み込みを行います。

読み込んだファイルはpandasデータフレームで保存されます（**リスト4.9**）。

リスト4.9 CSVファイルの読み込み

In
```
import numpy as np
import pandas as pd

new_data = pd.read_csv("read_sample.csv")
```

読み込んだデータを表示する

先ほど読み込んだデータフレームを表示するには、データフレームの名前を入力して、実行します（**リスト4.10**）。

リスト4.10 読み込んだデータの表示

In
```
new_data
```

Out

	名前	点数
0	Alice	78
1	Bob	65
2	Charlie	90

05 基本的な演算

ここでは第5章以降でよく使用する基本的な演算について学びます。

まずサンプルの実行前に**リスト4.11**のコードを実行してください。

リスト4.11 事前に実行しておくコード

In
```
import numpy as np
import pandas as pd
import matplotlib.pyplot as plt
import seaborn as sns
```

基本的な演算

演算子（**+**、**-**、*****、**/**）を利用した基本的な演算の例は**リスト4.12**のとおりです。

リスト4.12 基本的な演算

In
```
# 足し算
1 + 1
```

Out
```
2
```

In
```
# 引き算
2 - 1
```

Out
```
1
```

In
```
# 掛け算
3 * 1
```

Out
```
3
```

In
```
# 割り算
4 / 1
```

Out
```
4.0
```

文字数を調べる

文字数を調べる場合は、**len**関数を利用します（**リスト4.13**）。

リスト4.13　文字数を調べる例

In
```
len("python")
```

Out
```
6
```

06 データフレームを扱う

データフレームを用いて、第5章以降で用いる基本的なデータの処理方法を記載します。

ここではseabornに含まれるタイタニックのデータセットを使用します。**load_dataset**関数を実行すると、seabornに備わっているサンプルデータセットをデータフレーム形式で読み込むことができます（**リスト4.14**）。

リスト4.14 サンプルデータをpandasのデータフレーム形式で読み込む

In
```
titanic = sns.load_dataset("titanic")
titanic
```

Out
```
     survived  pclass     sex   age  sibsp  parch     fare  embarked   class    who  adult_male  deck  embark_town  alive  alone
  0         0       3    male  22.0      1      0   7.2500         S   Third    man        True   NaN  Southampton     no  False
  1         1       1  female  38.0      1      0  71.2833         C   First  woman       False     C    Cherbourg    yes  False
  2         1       3  female  26.0      0      0   7.9250         S   Third  woman       False   NaN  Southampton    yes   True
  3         1       1  female  35.0      1      0  53.1000         S   First  woman       False     C  Southampton    yes  False
  4         0       3    male  35.0      0      0   8.0500         S   Third    man        True   NaN  Southampton     no   True
...       ...     ...     ...   ...    ...    ...      ...       ...     ...    ...         ...   ...          ...    ...    ...
886         0       2    male  27.0      0      0  13.0000         S  Second    man        True   NaN  Southampton     no   True
887         1       1  female  19.0      0      0  30.0000         S   First  woman       False     B  Southampton    yes   True
888         0       3  female   NaN      1      2  23.4500         S   Third  woman       False   NaN  Southampton     no  False
889         1       1    male  26.0      0      0  30.0000         C   First    man        True     C    Cherbourg    yes   True
890         0       3    male  32.0      0      0   7.7500         Q   Third    man        True   NaN   Queenstown     no   True

891 rows × 5 columns
```

1行目の要素を取得する

pandasでは、整数の位置インデックスを参照できます。位置インデックスは0（ゼロ）から始まる整数です。参照する場合は、**iloc**属性を利用します。

例えば、1行目のデータを取得したい時は**iloc[0]**で取得します（**リスト4.15**）。2行目は**iloc[1]**…という形で、データを取得します。

リスト4.15 1行目の要素を取得する例

In
```
titanic.iloc[0]
```

Out

```
survived                   0
pclass                     3
sex                     male
age                       22
sibsp                      1
parch                      0
fare                    7.25
embarked                   S
class                  Third
who                      man
adult_male              True
deck                     NaN
embark_town      Southampton
alive                     no
alone                  False
Name: 0, dtype: object
```

特定のカラムを取得する

データフレームのうち、取得したいカラム名を指定することでシリーズ形式で抽出できます（**リスト4.16**）。

リスト4.16 1つのカラムを取得する例

In

```
titanic_class = titanic["class"]
titanic_class
```

Out

```
0       Third
1       First
2       Third
3       First
4       Third
        ...
886    Second
887     First
888     Third
889     First
890     Third
Name: class, Length: 891, dtype: category
Categories (3, object): [First, Second, Third]
```

データの行数を数える

len関数は文字数のカウントにも使用できますが、引数にデータフレームを指定すると、データの行数を出力します（**リスト4.17**）。

リスト4.17　データの行数を数える例

In
```
len(titanic)
```

Out
```
891
```

データの集約をする

ライブラリを用いて簡単にビジュアライゼーションを行えるようにするため、データを一度集約して、その結果を表示することがよくあります。

ここではビジュアライゼーションする際に行う、pandasによる単純なデータの集約方法を取り上げます。

基本統計量を確認する

describe関数を利用すれば、データの各列の基本統計量が集約された結果を確認できます。データの概要を把握する際に非常に便利です。（**リスト4.18**）

リスト4.18　describe関数を利用したデータ概要の確認の例

In
```
titanic.describe()
```

Out

	survived	pclass	age	sibsp	parch	fare
count	891.000000	891.000000	714.000000	891.000000	891.000000	891.000000
mean	0.383838	2.308642	29.699118	0.523008	0.381594	32.204208
std	0.486592	0.836071	14.526497	1.102743	0.806057	49.693429
min	0.000000	1.000000	0.420000	0.000000	0.000000	0.000000
25%	0.000000	2.000000	20.125000	0.000000	0.000000	7.910400
50%	0.000000	3.000000	28.000000	0.000000	0.000000	14.454200
75%	1.000000	3.000000	38.000000	1.000000	0.000000	31.000000
max	1.000000	3.000000	80.000000	8.000000	6.000000	512.329200

カラム内のデータ数を数える

特定のカラムに含まれる値について件数をカウントする場合、**value_counts**関数を利用して調べることができます（**リスト4.19**）。

リスト4.19 列データの要素ごとの件数を数える例

In
```
titanic_class = titanic["class"].value_counts()
titanic_class
```

Out
```
Third     491
First     216
Second    184
Name: class, dtype: int64
```

列データのユニーク要素数を数える

列データの中にどれだけユニークな要素数があるのかを調べる場合は、**nunique**関数を利用します（**リスト4.20**）。

リスト4.20 列データの要素数を数える例

In
```
titanic_unique = titanic["class"].nunique()
titanic_unique
```

Out
```
3
```

groupby関数による集約

列に条件を付けて集約する必要がある際は**groupby**関数で操作を行うことで実現することができます。

データフレームに対して**groupby**関数に集約するカラム名を指定することで実行できます。例として、**sex**カラムをキー列として**class**カラムの各値の件数をカウントします（**リスト4.21**）。

リスト4.21 データを集約して件数を出力する

In
```
titanic_sex_class = titanic.groupby("sex")["class"].value_counts()
titanic_sex_class
```

Out

```
sex     class
female  Third     144
        First      94
        Second     76
male    Third     347
        First     122
        Second    108
Name: class, dtype: int64
```

特定の変数ごとの平均値を出す

value_counts関数では件数を取得しましたが、平均値を出すには**mean**関数を用います（**リスト4.22**）。

ほかにもよく使う関数としては**sum**や**median**なども**groupby**関数に対して適用することができます。

リスト4.22　特定の変数ごとの平均値を出す例

In

```
titanic_group_mean = titanic.groupby("sex").mean()
titanic_group_mean
```

Out

sex	survived	pclass	age	sibsp	parch	fare	adult_male	alone
female	0.742038	2.159236	27.915709	0.694268	0.649682	44.479818	0.000000	0.401274
male	0.188908	2.389948	30.726645	0.429809	0.235702	25.523893	0.930676	0.712305

groupby関数を適用して作成した出力は、デフォルトでは集約に用いたカラムがインデックスになるため、インデックスにしない場合は**groupby**関数の引数**as_index**を**as_index=False**にします（**リスト4.23**）。

リスト4.23　性別ごとに平均値を出す例

In

```
titanic_group_mean = titanic.groupby("sex", as_index=False).mean()
titanic_group_mean
```

Out

	sex	survived	pclass	age	sibsp	parch	fare	adult_male	alone
0	female	0.742038	2.159236	27.915709	0.694268	0.649682	44.479818	0.000000	0.401274
1	male	0.188908	2.389948	30.726645	0.429809	0.235702	25.523893	0.930676	0.712305

2つの変数で集約した平均値を出す

groupby関数は**2**以上の列を指定することもできます。2つ以上の変数で集約して平均値を出す時は**groupby関数**に**[ ]**を用いて2つ以上の変数をカンマで区切って指定します（**リスト4.24**）。

リスト4.24　2つの変数で集約した平均値を出す例

In
```
titanic_group_mean2 = titanic.groupby(["sex", "class"], as_index=False).mean()
titanic_group_mean2
```

Out

	sex	class	survived	pclass	age	sibsp	parch	fare	adult_male	alone
0	female	First	0.968085	1.0	34.611765	0.553191	0.457447	106.125798	0.000000	0.361702
1	female	Second	0.921053	2.0	28.722973	0.486842	0.605263	21.970121	0.000000	0.421053
2	female	Third	0.500000	3.0	21.750000	0.895833	0.798611	16.118810	0.000000	0.416667
3	male	First	0.368852	1.0	41.281386	0.311475	0.278689	67.226127	0.975410	0.614754
4	male	Second	0.157407	2.0	30.740707	0.342593	0.222222	19.741782	0.916667	0.666667
5	male	Third	0.135447	3.0	26.507589	0.498559	0.224784	12.661633	0.919308	0.760807

クロス集計を行う

件数を集計する

crosstab関数ではグループの出現頻度を計算することができます。

例えば、titanicの**who**カラムと**class**カラムで集計する場合は、**crosstab**関数の引数に集計をするカラムの**who**と**class**を指定します（**リスト4.25**）。

リスト4.25　件数を集計する例

In
```
cross_class = pd.crosstab(titanic["who"], titanic["class"])
cross_class
```

Out

class who	First	Second	Third
child	6	19	58
man	119	99	319
woman	91	66	114

正規化する

件数のクロス集計をした際に、行方向の合計値が全体で1になるように正規化したクロス集計を作成する時は**crosstab**関数の引数に**normalize="index"**を指定します（**リスト4.26**）。

割合や構成比をビジュアライズする際、事前にビジュアライゼーションの前準備として計算する際に用います。

リスト4.26　正規化する例

```
cross_nmrl = pd.crosstab(titanic["who"], titanic["class"], normalize="index")
cross_nmrl
```

Out

class who	First	Second	Third
child	0.072289	0.228916	0.698795
man	0.221601	0.184358	0.594041
woman	0.335793	0.243542	0.420664

条件に該当したデータを抽出する

データフレームのうち、カラムに含まれる値が条件を満たした行を取得する方法です（**リスト4.27**）。

リスト4.27　一部の条件に該当したデータを抽出する例

In

```
titanic_female = titanic[titanic["sex"] == "female"]
titanic_female
```

Out

	survived	pclass	sex	age	sibsp	parch	fare	embarked	class	who	adult_male	deck	embark_town	alive	alone
1	1	1	female	38.0	1	0	71.2833	C	First	woman	False	C	Cherbourg	yes	False
2	1	3	female	26.0	0	0	7.9250	S	Third	woman	False	NaN	Southampton	yes	True
3	1	1	female	35.0	1	0	53.1000	S	First	woman	False	C	Southampton	yes	False
8	1	3	female	27.0	0	2	11.1333	S	Third	woman	False	NaN	Southampton	yes	False
9	1	2	female	14.0	1	0	30.0708	C	Second	child	False	NaN	Cherbourg	yes	False
...	...	...	...	...	...	...	...	...	...	...	...	...	...	...	...
880	1	2	female	25.0	0	1	26.0000	S	Second	woman	False	NaN	Southampton	yes	False
882	0	3	female	22.0	0	0	10.5167	S	Third	woman	False	NaN	Southampton	no	True
885	0	3	female	39.0	0	5	29.1250	Q	Third	woman	False	NaN	Queenstown	no	False
887	1	1	female	19.0	0	0	30.0000	S	First	woman	False	B	Southampton	yes	True
888	0	3	female	NaN	1	2	23.4500	S	Third	woman	False	NaN	Southampton	no	False

314 rows × 15 columns

query関数で条件に一致するものを取得することもできます（**リスト4.28**）。
query関数を用いると、**リスト4.27**の手法よりも効率的でわかりやすい表記になります。

リスト4.28　条件に該当した列を取得する例

In

```
titanic_female = titanic.query("sex == 'female'")
titanic_female
```

Out

	survived	pclass	sex	age	sibsp	parch	fare	embarked	class	who	adult_male	deck	embark_town	alive	alone
1	1	1	female	38.0	1	0	71.2833	C	First	woman	False	C	Cherbourg	yes	False
2	1	3	female	26.0	0	0	7.9250	S	Third	woman	False	NaN	Southampton	yes	True
3	1	1	female	35.0	1	0	53.1000	S	First	woman	False	C	Southampton	yes	False
8	1	3	female	27.0	0	2	11.1333	S	Third	woman	False	NaN	Southampton	yes	False
9	1	2	female	14.0	1	0	30.0708	C	Second	child	False	NaN	Cherbourg	yes	False
...	...	...	...	...	...	...	...	...	...	...	...	...	...	...	...
880	1	2	female	25.0	0	1	26.0000	S	Second	woman	False	NaN	Southampton	yes	False
882	0	3	female	22.0	0	0	10.5167	S	Third	woman	False	NaN	Southampton	no	True
885	0	3	female	39.0	0	5	29.1250	Q	Third	woman	False	NaN	Queenstown	no	False
887	1	1	female	19.0	0	0	30.0000	S	First	woman	False	B	Southampton	yes	True
888	0	3	female	NaN	1	2	23.4500	S	Third	woman	False	NaN	Southampton	no	False

314 rows × 15 columns

データの並べ替えを行う

大きい順や小さい順にデータを並べ替える際には**sort**関数を用います。
ここでは**fare**カラムの値が小さい順に並べ替えを行います（**リスト4.29**）。

リスト4.29　データの並べ替えの例

In

```
titanic_female_sort = titanic_female.sort_values("fare")
titanic_female_sort
```

Out

	survived	pclass	sex	age	sibsp	parch	fare	embarked	class	who	adult_male	deck	embark_town	alive	alone
654	0	3	female	18.0	0	0	6.7500	Q	Third	woman	False	NaN	Queenstown	no	True
875	1	3	female	15.0	0	0	7.2250	C	Third	child	False	NaN	Cherbourg	yes	True
19	1	3	female	NaN	0	0	7.2250	C	Third	woman	False	NaN	Cherbourg	yes	True
780	1	3	female	13.0	0	0	7.2292	C	Third	child	False	NaN	Cherbourg	yes	True
367	1	3	female	NaN	0	0	7.2292	C	Third	woman	False	NaN	Cherbourg	yes	True
...	...	...	...	...	...	...	...	...	...	...	...	...	...	...	...
742	1	1	female	21.0	2	2	262.3750	C	First	woman	False	B	Cherbourg	yes	False
311	1	1	female	18.0	2	2	262.3750	C	First	woman	False	B	Cherbourg	yes	False
88	1	1	female	23.0	3	2	263.0000	S	First	woman	False	C	Southampton	yes	False
341	1	1	female	24.0	3	2	263.0000	S	First	woman	False	C	Southampton	yes	False
258	1	1	female	35.0	0	0	512.3292	C	First	woman	False	NaN	Cherbourg	yes	True

314 rows × 15 columns

デフォルトでは昇順になっていますが、グラフにおける表示は値の大きい順（降順）に表示する（例：円グラフ等）場合が多々あります。

降順に並べ替える場合は引数**ascending**に**False**を指定します（**リスト4.30**）。

リスト4.30　降順に並べ替える例

In

```
titanic_female_sort = titanic_female.sort_values("fare", ascending=False)
titanic_female_sort
```

Out

```
     survived  pclass     sex   age  sibsp  parch      fare  embarked  class    who  adult_male  deck  embark_town  alive  alone
258         1       1  female  35.0      0      0  512.3292         C  First  woman       False   NaN    Cherbourg    yes   True
341         1       1  female  24.0      3      2  263.0000         S  First  woman       False     C  Southampton    yes  False
 88         1       1  female  23.0      3      2  263.0000         S  First  woman       False     C  Southampton    yes  False
742         1       1  female  21.0      2      2  262.3750         C  First  woman       False     B    Cherbourg    yes  False
311         1       1  female  18.0      2      2  262.3750         C  First  woman       False     B    Cherbourg    yes  False
...       ...     ...     ...   ...    ...    ...       ...       ...    ...    ...         ...   ...          ...    ...    ...
367         1       3  female   NaN      0      0    7.2292         C  Third  woman       False   NaN    Cherbourg    yes   True
780         1       3  female  13.0      0      0    7.2292         C  Third  child       False   NaN    Cherbourg    yes   True
 19         1       3  female   NaN      0      0    7.2250         C  Third  woman       False   NaN    Cherbourg    yes   True
875         1       3  female  15.0      0      0    7.2250         C  Third  child       False   NaN    Cherbourg    yes   True
654         0       3  female  18.0      0      0    6.7500         Q  Third  woman       False   NaN   Queenstown     no   True

314 rows × 15 columns
```

カラム名の変更を行う

カラム名の変更には**rename**関数を用います。変更前のカラム名と変更後のカラム名を指定します（**リスト4.31**）。

リスト4.31　カラム名の変更を行う例

In

```
# ageというカラム名を年齢に変更
titanic_rename = titanic_female_sort.rename(columns={"age": "年齢"})
titanic_rename
```

Out

```
     survived  pclass     sex  年齢  sibsp  parch      fare  embarked  class    who  adult_male  deck  embark_town  alive  alone
258         1       1  female  35.0      0      0  512.3292         C  First  woman       False   NaN    Cherbourg    yes   True
341         1       1  female  24.0      3      2  263.0000         S  First  woman       False     C  Southampton    yes  False
 88         1       1  female  23.0      3      2  263.0000         S  First  woman       False     C  Southampton    yes  False
742         1       1  female  21.0      2      2  262.3750         C  First  woman       False     B    Cherbourg    yes  False
311         1       1  female  18.0      2      2  262.3750         C  First  woman       False     B    Cherbourg    yes  False
...       ...     ...     ...   ...    ...    ...       ...       ...    ...    ...         ...   ...          ...    ...    ...
367         1       3  female   NaN      0      0    7.2292         C  Third  woman       False   NaN    Cherbourg    yes   True
780         1       3  female  13.0      0      0    7.2292         C  Third  child       False   NaN    Cherbourg    yes   True
 19         1       3  female   NaN      0      0    7.2250         C  Third  woman       False   NaN    Cherbourg    yes   True
875         1       3  female  15.0      0      0    7.2250         C  Third  child       False   NaN    Cherbourg    yes   True
654         0       3  female  18.0      0      0    6.7500         Q  Third  woman       False   NaN   Queenstown     no   True

314 rows × 15 columns
```

繰り返しの処理をする

繰り返しの処理を行う時は**for**文を用いると便利です。

ここでは、0から4までの5つの数字にそれぞれ2を掛けた値を計算します（**リスト4.32**）。

リスト4.32 決められた回数だけ繰り返し処理を行う例

In

```
for i in range(5):
    print(i * 2)
```

Out

```
0
2
4
6
8
```

リストに対して繰り返しの処理を行う

データのビジュアライゼーションでは、リスト内の値を参照して計算させることがあります。以下はリストの中の要素を表示させる例です（**リスト4.33**）。

リスト4.33 リストに対して繰り返しの処理を行う例

In

```
# リストの作成
sample_list = [10, 20, 30, 40, 50]

for i in sample_list:
    print(i)
```

Out

```
10
20
30
40
50
```

Chapter 5

様々なグラフ・チャートによるビジュアライゼーション

本章ではビジュアライゼーションでよく使うグラフやチャートなどの基本的な手法を解説します。

01 グラフやチャートで利用するライブラリ

本章で利用するライブラリについて取り扱います。

第5章で作成する様々なグラフやチャートはmatplotlib、seaborn、plotlyといったライブラリを中心に利用します。

本章では**リスト5.1**のライブラリを使用するためあらかじめインポートします。

リスト5.1　インポートするライブラリ

In

```
%matplotlib inline
import numpy as np
import pandas as pd
import matplotlib.pyplot as plt
import seaborn as sns

import plotly.offline
import plotly.express as px
import plotly.graph_objects as go
import plotly.subplots
import squarify
```

02 ヒストグラム

データのばらつきを見る時によく用いられるヒストグラムについて取り扱います。

ヒストグラムとは

データの概観を把握する上で分布を確認することは重要です。量的変数の分布について度数分布を確認する際に視覚的に表現する手法としてヒストグラムがよく用いられます。

ここでは、seabornに含まれている**tips**のサンプルデータを使い、チップの金額について、分布を確認します（**リスト5.2**）。

リスト5.2 seabornに含まれているtipsのサンプルデータ

In

```
tips = sns.load_dataset("tips")
tips
```

Out

	total_bill	tip	sex	smoker	day	time	size
0	16.99	1.01	Female	No	Sun	Dinner	2
1	10.34	1.66	Male	No	Sun	Dinner	3
2	21.01	3.50	Male	No	Sun	Dinner	3
3	23.68	3.31	Male	No	Sun	Dinner	2
4	24.59	3.61	Female	No	Sun	Dinner	4
...	...	...	...	...	...	...	...
239	29.03	5.92	Male	No	Sat	Dinner	3
240	27.18	2.00	Female	Yes	Sat	Dinner	2
241	22.67	2.00	Male	Yes	Sat	Dinner	2
242	17.82	1.75	Male	No	Sat	Dinner	2
243	18.78	3.00	Female	No	Thur	Dinner	2

244 rows × 7 columns

MEMO　tipsのサンプルデータ

tipsのサンプルデータは、レストランで働く店員が受け取ったチップの金額に関するデータセットです。チップの金額や支払総額のほか、曜日や時間帯、顧客の中の喫煙者の有無、支払った顧客の性別などが入力されています。

ヒストグラムを描画する（基本）

seabornでヒストグラムを描画するには、**distplot**関数を使います。

kdeはカーネル密度関数を描画するかどうかの引数で、デフォルトは**True**が指定されています。ここではカーネル密度関数の描画を省略するため引数**kde**に**False**を指定します（**リスト5.3**）。

リスト5.3　ヒストグラムの基本的な描画例①

In
```
sns.distplot(tips["total_bill"], kde=False)
```

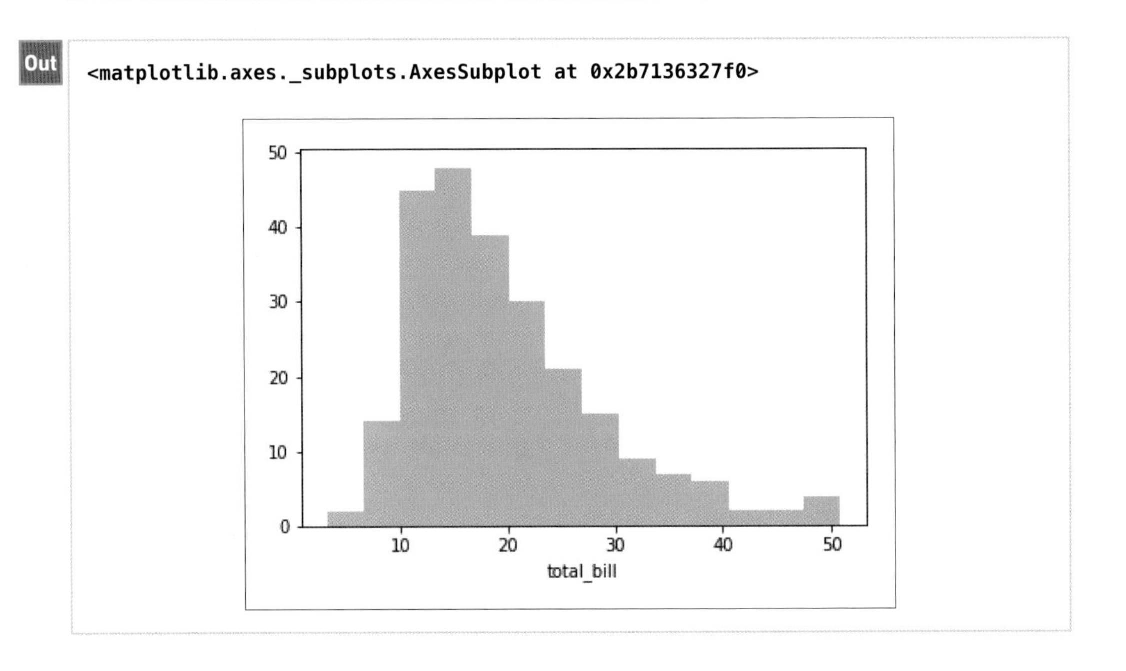

distplot関数の引数を変更することでヒストグラムの見た目を変更させることができます。例えば引数**bins**の数を増やすことでより細かい区切りで見ることができます。（**リスト5.4**）。

リスト5.4　ヒストグラムの基本的な描画例②

In
```
sns.distplot(tips["total_bill"], kde=False, bins=15)
```

Out
```
<matplotlib.axes._subplots.AxesSubplot at 0x2b715719080>
```

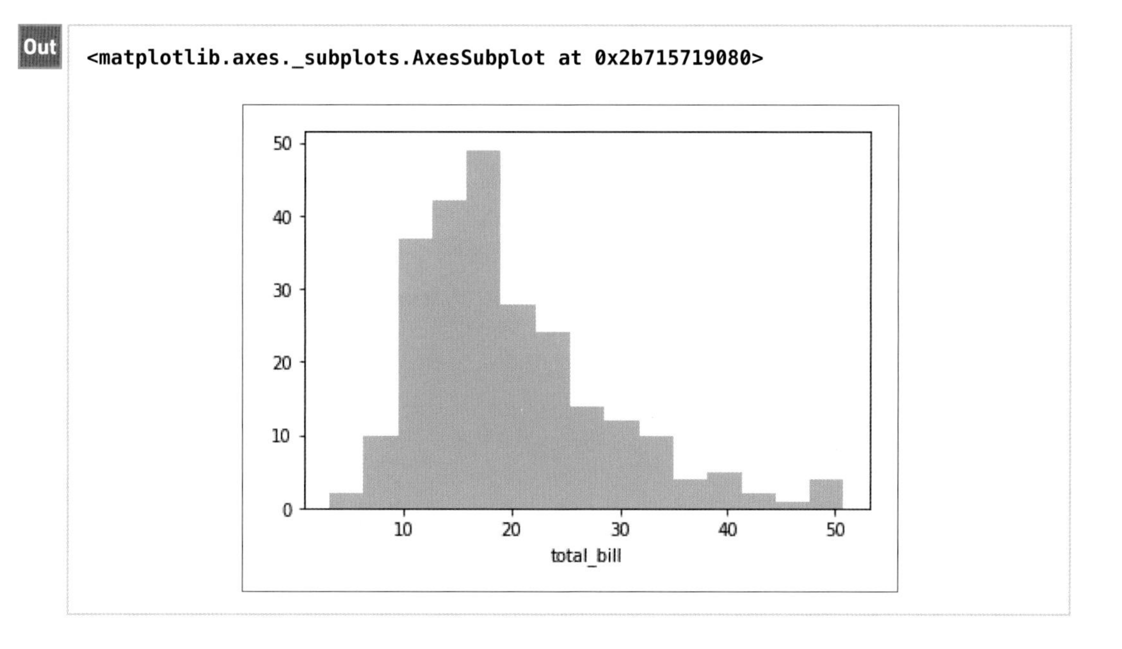

引数**vertical**を**True**にすることでグラフの向きを縦から横に変更することができます（**リスト5.5**）。

リスト5.5　ヒストグラムの基本的な描画例③

In
```
sns.distplot(tips["total_bill"], vertical=True, kde=False)
```

Out
```
<matplotlib.axes._subplots.AxesSubplot at 0x2b7157ac518>
```

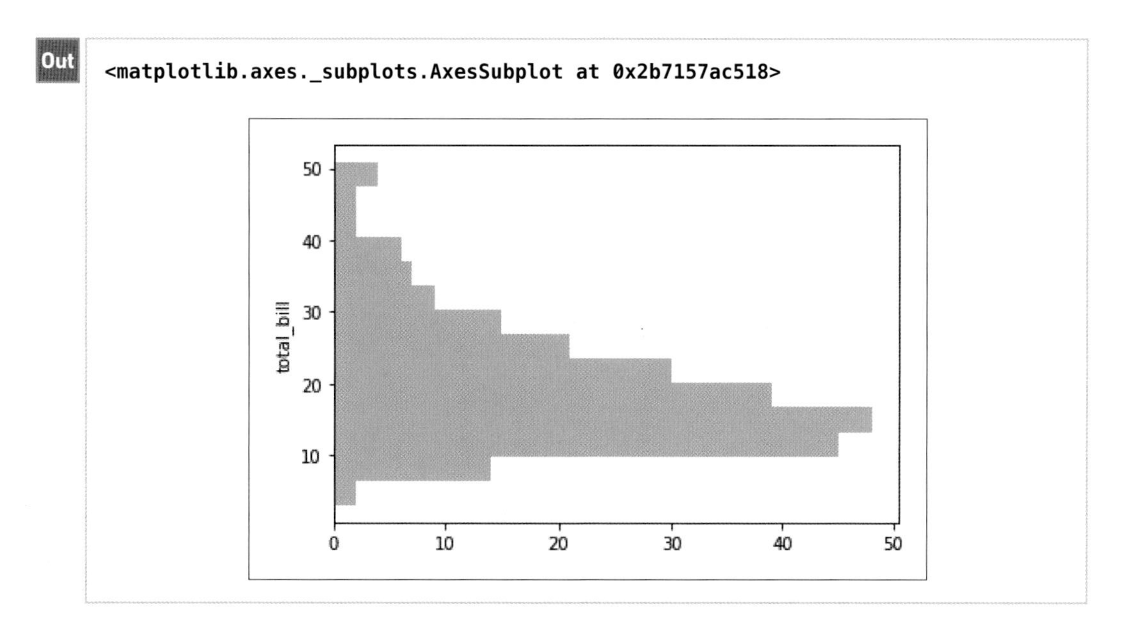

2つのヒストグラムを描画する

2つのデータセットを作成してそれぞれヒストグラムを作成し、重ねて表示することで2つの分布の違いを比較することができます。

ヒストグラムは色を変更することで重なっている部分についても視認しやすくなります。

色の指定は引数**color**で行います。よく使われる色については略称があり、赤色は**red**と表記するほか、**r**でも赤色を指定することができます。例えば、赤色を指定する際は**color="r"**で指定します（**リスト5.6**）。

リスト5.6　ヒストグラムの応用的な描画例

In
```
lunch_tips = tips[tips["time"] == "Lunch"]
dinner_tips = tips[tips["time"] == "Dinner"]

sns.distplot(lunch_tips["total_bill"], kde=False, bins=20, color="r")
sns.distplot(dinner_tips["total_bill"], kde=False, bins=20)
```

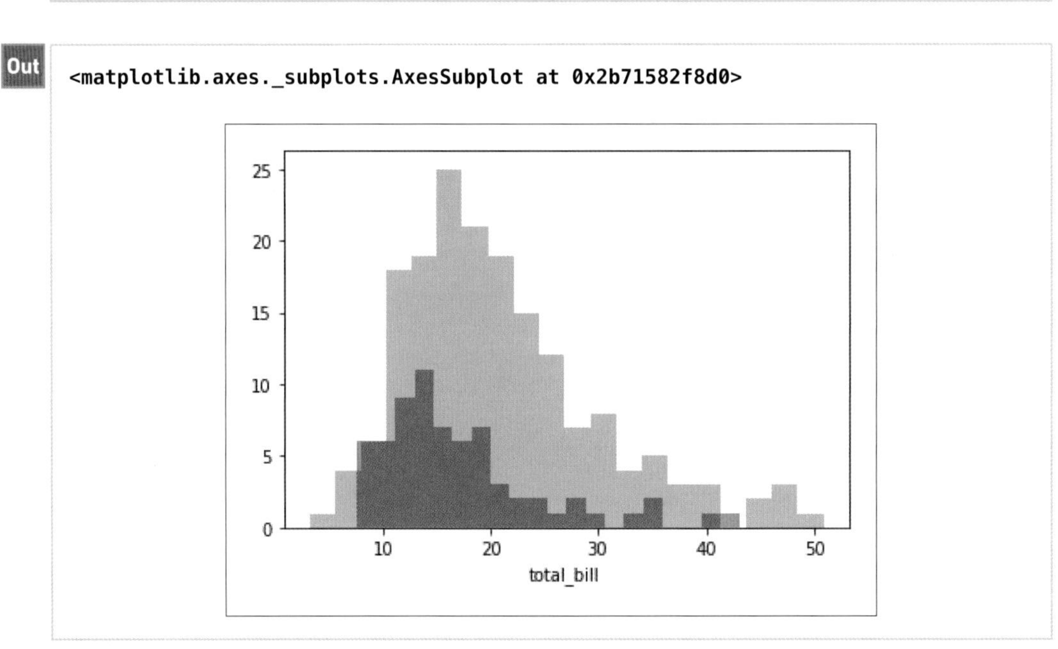

カウントプロット

量的変数の分布を確認する場合は**distplot**関数を用いましたが、質的変数について度数分布をビジュアライゼーションする手段として**countplot**関数を使う方法があります（**リスト5.7**）。

リスト5.7　カウントプロットの描画例①

In

```
sns.countplot(x="smoker", data=tips)
```

Out

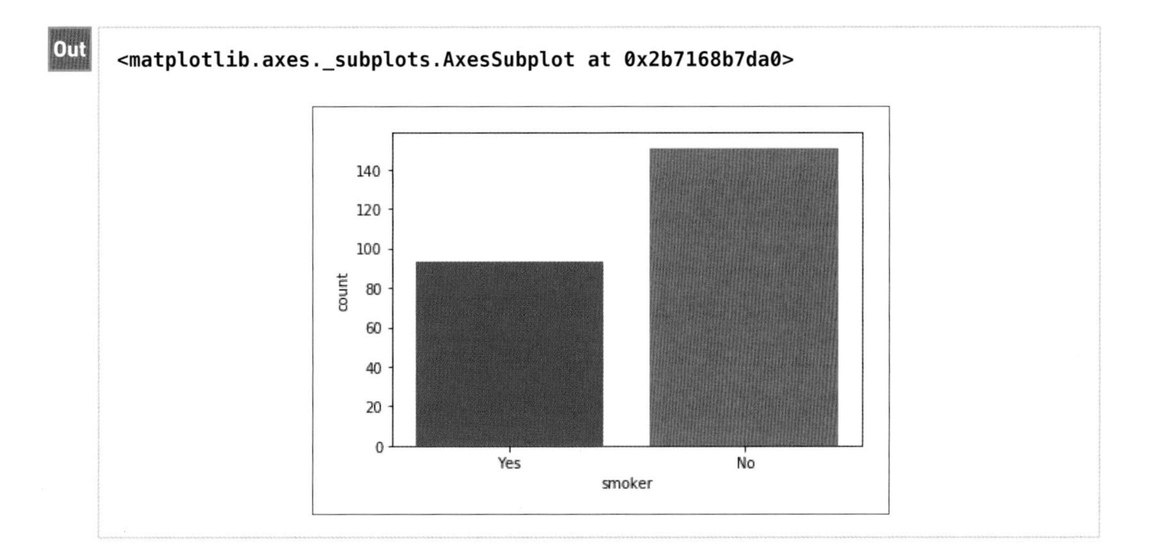

countplot関数の引数**hue**にカラム名を指定することで、バーをカラムの値ごとに色分けして表示できます（**リスト5.8**）。

リスト5.8　カウントプロットの描画例②

In

```
sns.countplot(x="smoker", hue="day", data=tips)
```

Out

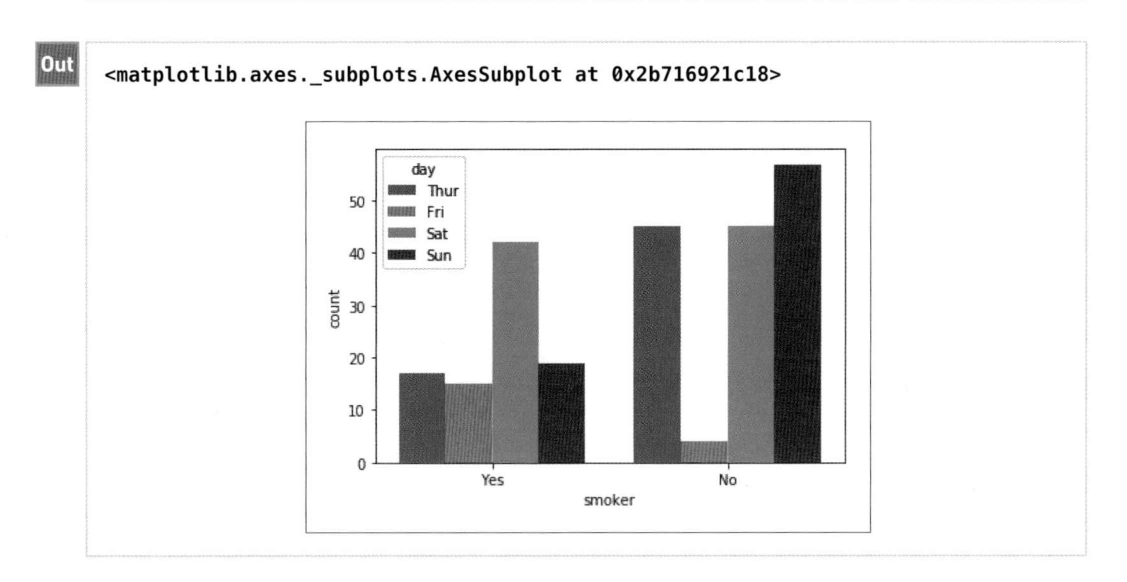

03 ボックスプロット

基本統計量を用いて分布を表現するボックスプロットについて取り扱います。

ボックスプロットとは

ボックスプロットは、箱ひげ図と呼ばれるチャートで、基本統計量をもとにデータの分布を視覚的に表現することができます。

ヒストグラムでもデータの分布を確認できますが、ボックスプロットでは25%点、50%点、75%点の各点を集計した状態で視覚的に確認することができます。

ボックスプロットを描画する

1つのカラムの分布を確認する時は**boxplot**関数を用いて引数**y**に分布を確認するカラム名を指定します（**リスト5.9**）。

リスト5.9 ボックスプロットの描画例①

In

```
sns.boxplot(y="total_bill", data=tips)
```

Out

```
<matplotlib.axes._subplots.AxesSubplot at 0x2b7169a7f28>
```

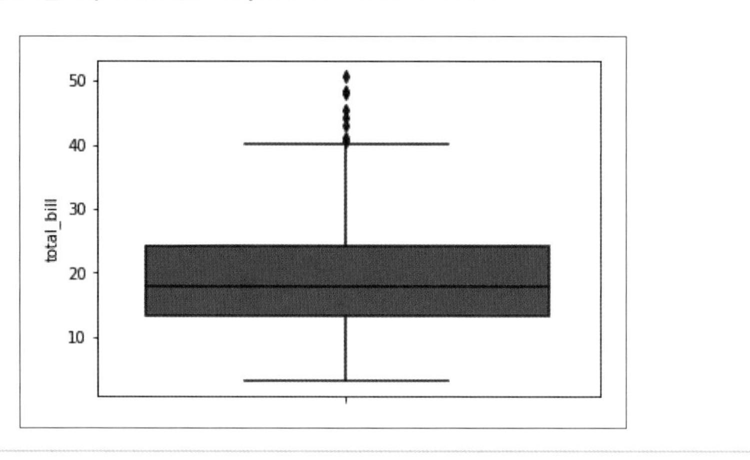

2つのデータをボックスプロットで比較する

カラムに含まれる値ごとに比較をしたい場合は引数**x**に比較したい属性が含まれるカラム名を指定します（**リスト5.10**）。

リスト5.10　ボックスプロットの描画例②

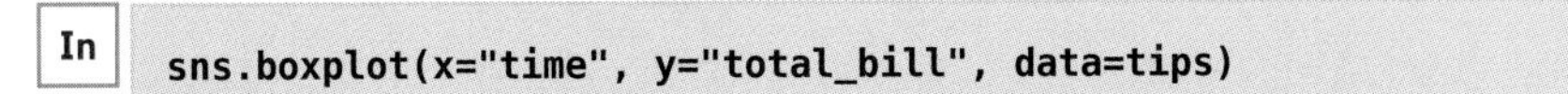

```
In
sns.boxplot(x="time", y="total_bill", data=tips)
```

```
Out
<matplotlib.axes._subplots.AxesSubplot at 0x2b716a06f98>
```

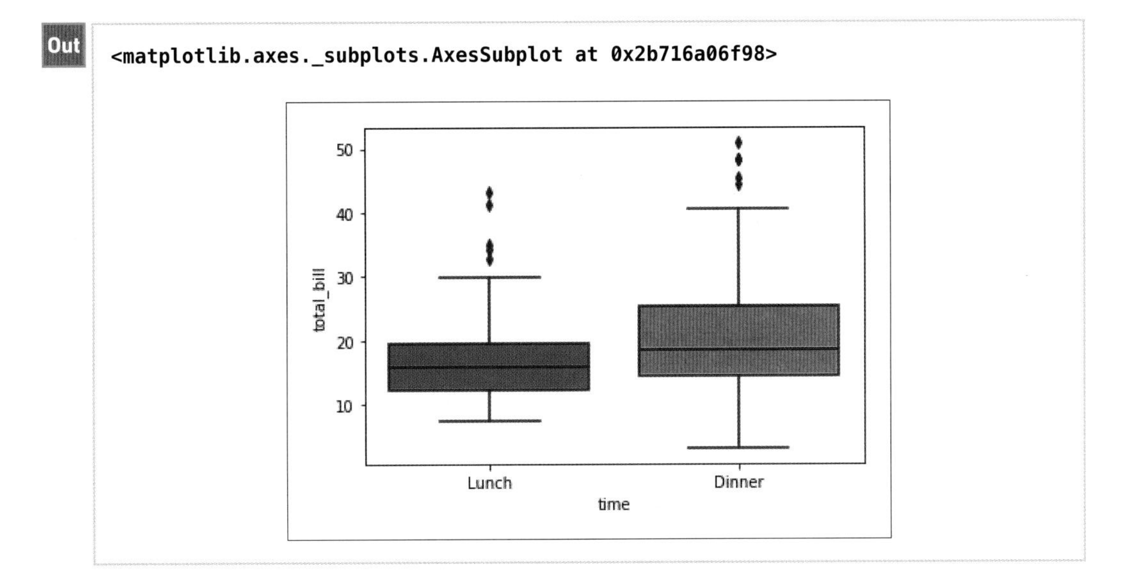

表示する順番を変更する

表示させる順位を変更したい場合は、引数**order**に表示させたい順番に属性を書くことで指定します（**リスト5.11**）。

リスト5.11　ボックスプロットの描画例③

```
In
sns.boxplot(x="time", y="tip", order=["Dinner", "Lunch"], data=tips)
```

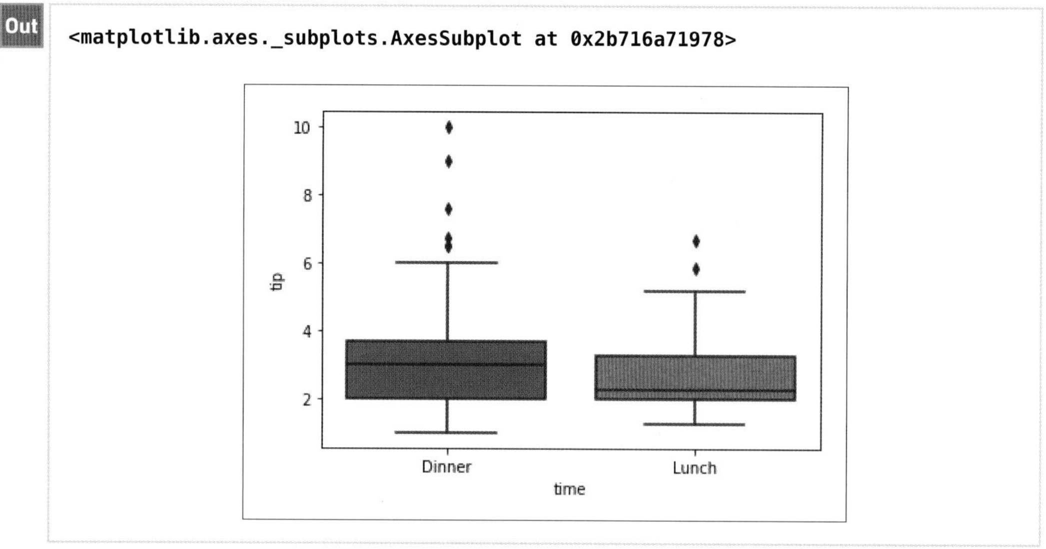

属性によってさらに細かく分けて比較する

さらにカラムに含まれる値でより細かく見たい場合には、引数**hue**に質的変数を指定して、色を分けて表示することもできます（**リスト5.12**）。

リスト5.12　ボックスプロットの描画例④

In
```
sns.boxplot(x="day", y="total_bill", hue="smoker", data=tips)
```

Out
```
<matplotlib.axes._subplots.AxesSubplot at 0x2b716ae4b00>
```

04 散布図

2つのデータの関係性を確認する際によく用いられる散布図について取り扱います。

散布図とは

散布図はデータに含まれる2つの変数間の関係性を把握するために用いられます（**リスト5.13**）。

散布図は**sns.scatterplot**関数で描画することができ、引数**x**に横軸に用いるカラム名を指定し、引数**y**に縦軸に用いるカラム名を指定します。

リスト5.13　散布図の描画例①

In

```
sns.scatterplot(x="total_bill", y="tip", data=tips)
```

Out

```
<matplotlib.axes._subplots.AxesSubplot at 0x2b716bbf2e8>
```

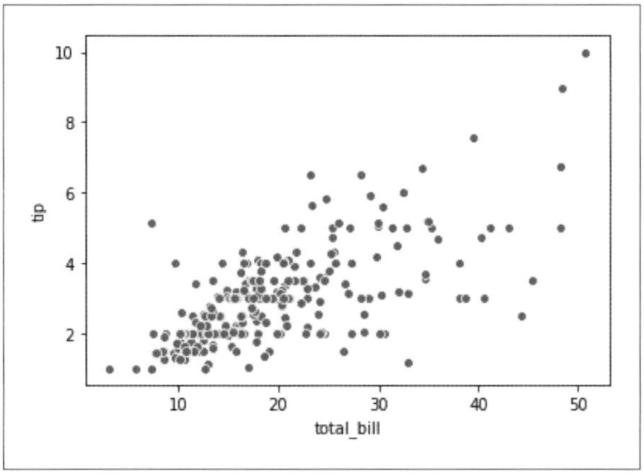

tip
total_bill

色を変える

散布図を作成する際に、2つの量的変数の間の関係を確認することに加えて、さらに質的変数の要素も合わせて表現したい場合は、引数**hue**にカラム名を指定することでカラムに含まれる値ごとに色を変化させることができます（**リスト5.14**）。

リスト5.14　散布図の描画例②

In
```
sns.scatterplot(x="total_bill", y="tip", hue="time", data=tips)
```

Out
```
<matplotlib.axes._subplots.AxesSubplot at 0x2b716a79b70>
```

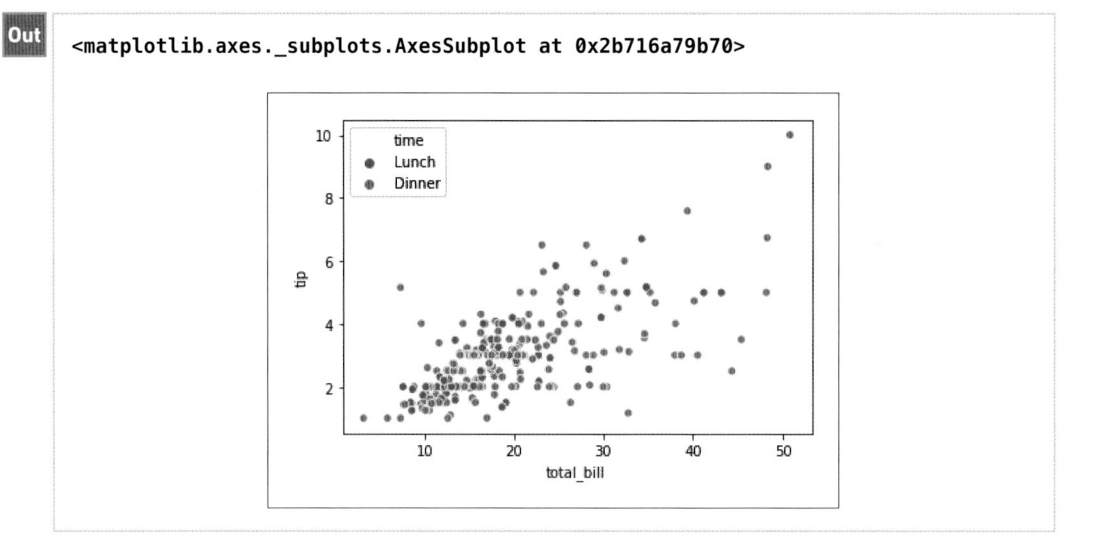

形を変える

色で属性の違いを表現する方法のほかに、形で属性の違いを表現できます。属性の違いによって散布図に用いられる点の形を変化させる方法は、引数**style**に違いを見たい変数を指定します。(**リスト5.15**)。

リスト5.15　散布図の描画例③

In
```
sns.scatterplot(x="total_bill", y="tip", style="time", data=tips)
```

Out
```
<matplotlib.axes._subplots.AxesSubplot at 0x2b716d337f0>
```

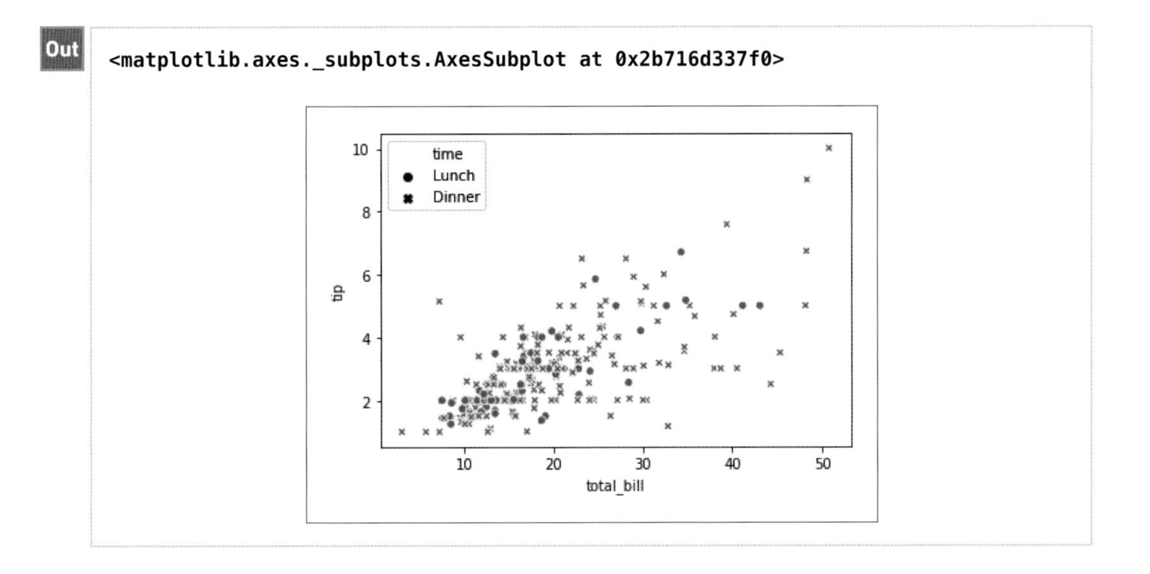

重なりが多い時の工夫

点同士の重なりが多い場合は、点を透過させることによって、下にある点を見やすくすることができます。

色を透過させるには、引数**alpha**に**0**から**1**までの数値を指定します（**リスト5.16**）。

リスト5.16　散布図の描画例④

In
```
sns.scatterplot(x="total_bill", y="tip", hue="time", alpha=0.5, data=tips)
```

Out
```
<matplotlib.axes._subplots.AxesSubplot at 0x2b716c576a0>
```

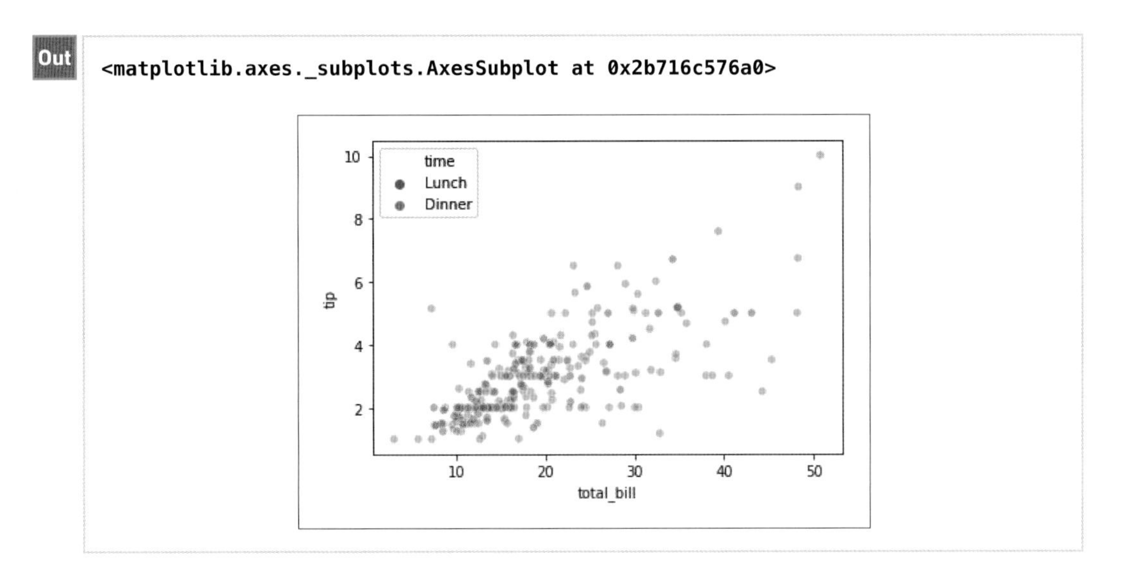

05 バブルチャート

散布図にもう1つ量的変数の要素を加えた表現であるバブルチャートについて取り扱います。

バブルチャートとは

散布図と似たグラフに**バブルチャート**があります。散布図において、カラムに質的変数が入力されている時は描画に使用する点の色や形を変化させて入力値の違いを表現しました。

一方でカラムに量的変数が入力されている場合にそのカラムを表現する際は、バブルチャートが向いています。

バブルチャートでは値によって点の大きさを変更することで、円の大きさでその点のカラムの大小を表現できます。

バブルチャートを作成したい場合は、**scatterplot**関数の引数**size**に量的変数を指定します（**リスト5.17**）。

リスト5.17 バブルチャートの描画例①

In

```
ax = sns.scatterplot(x="total_bill", y="tip", hue="time", size="size",
                     data=tips, sizes=(10, 200))
ax.legend(loc="upper left", bbox_to_anchor=(1, 1))
```

Out

```
<matplotlib.legend.Legend at 0x2d6a189bb38>
```

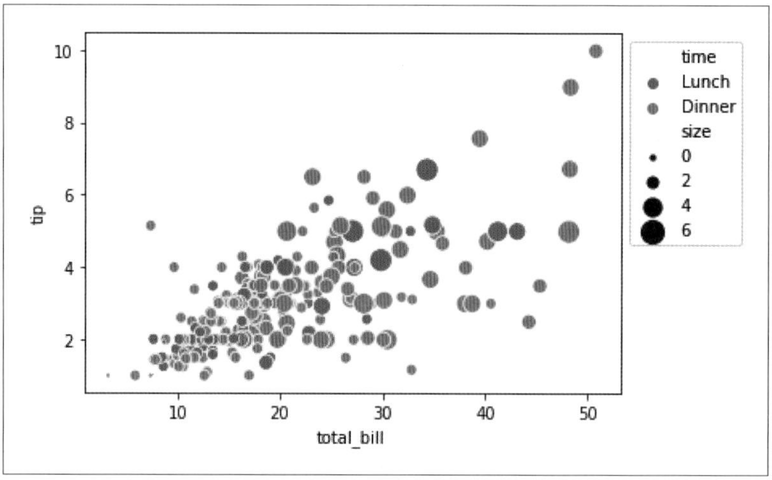

plotlyでバブルチャートを描画する

plotlyでもバブルチャートを描画することができます。

plotlyのバブルチャートは**px.scatter**関数の引数**size**に量的変数を指定します（**リスト5.18**）。

リスト5.18 バブルチャートの描画例②

In

```
fig = px.scatter(tips, x="total_bill", y="tip", size="size", color="time",
                 size_max=50)
fig.show()
```

Out

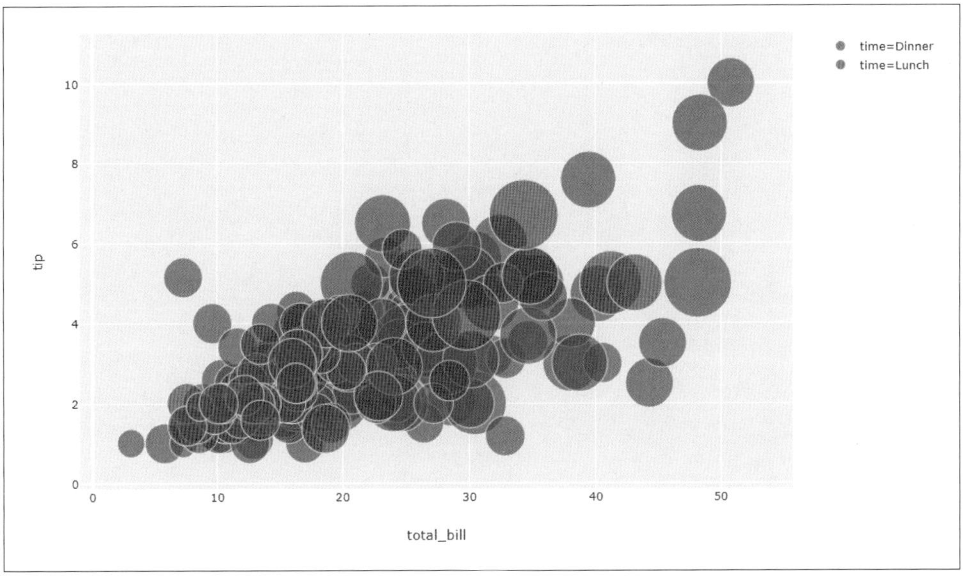

06 散布図行列

散布図を行列の形で表現する散布図行列について取り扱います。

散布図行列とは

散布図行列とは、データ内の2変数の組み合わせの散布図を行列の形で並べたものです。一度に複数の変数の関係性を確認できるため、データ分析者がデータの概観を知るためによく用いるビジュアライゼーション手法です。

散布図行列を作成する

散布図行列は変数間の関係性を一度に確認する際に便利で、シンプルなコードで実行できます。

sns.pairplot関数で実行します。引数**data**にはデータフレーム名を指定します（**リスト5.19**）。

リスト5.19　散布図行列の描画例①

In

```
sns.pairplot(data=tips)
```

Out

```
<seaborn.axisgrid.PairGrid at 0x1d357dcd978>
```

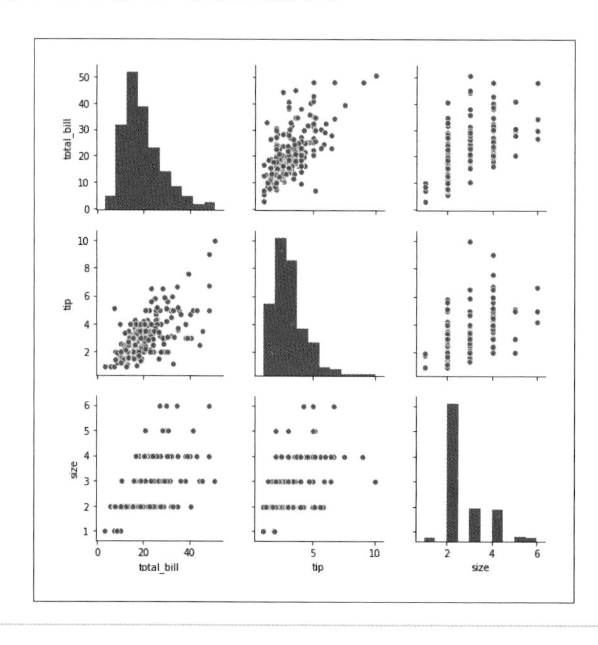

散布図行列の設定を指定する

散布図行列であっても、属性に応じて引数**hue**に色を変化させたいカラムを指定するなど、元々のシンプルな散布図に対して行っていた表現方法を指定することができます（**リスト5.20**）。

リスト5.20　散布図行列の描画例②

In
```
sns.pairplot(data=tips, hue="time")
```

Out
```
<seaborn.axisgrid.PairGrid at 0x1d35ab4c438>
```

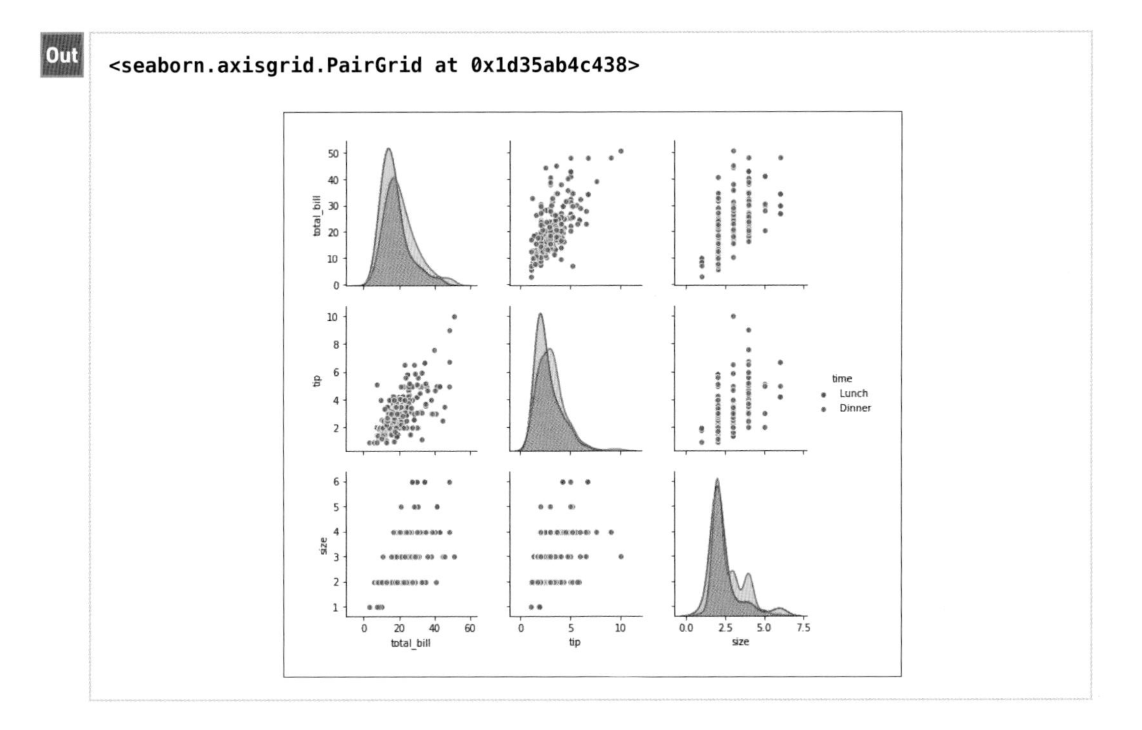

07 ジョイントプロット

複数のグラフを組み合わせたジョイントプロットについて取り扱います。

ジョイントプロットとは

seabornでは、2変数について複数のグラフを組み合わせて表示することができる**jointplot**関数があります。

ヒストグラムと散布図を組み合わせたグラフでは、2つのカラムのデータの分布と関係性を一度に見ることができます。

リスト5.21では、**tip**と**total_bill**のそれぞれのヒストグラムと、2つの変数の散布図を一度に表現しています。

リスト5.21 ジョイントプロットの描画例①

In
```
sns.jointplot(x="total_bill", y="tip", data=tips)
```

Out
```
<seaborn.axisgrid.JointGrid at 0x1d35ae4f748>
```

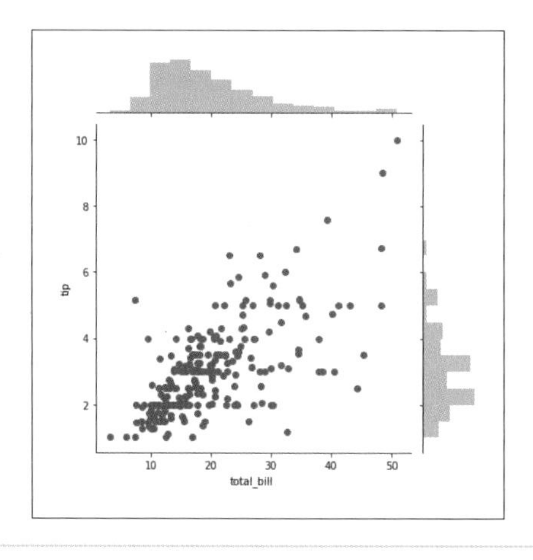

色を変更したい場合は、引数**color**に値を指定します。引数**color**に指定する値は、**r**で赤色に、**g**で緑色に変更することができます（**リスト5.22**）。

リスト5.22 ジョイントプロットの描画例②

In
```
sns.jointplot(x="total_bill", y="tip", color="r", data=tips)
```

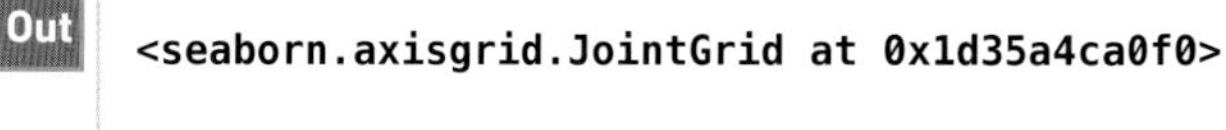

```
<seaborn.axisgrid.JointGrid at 0x1d35a4ca0f0>
```

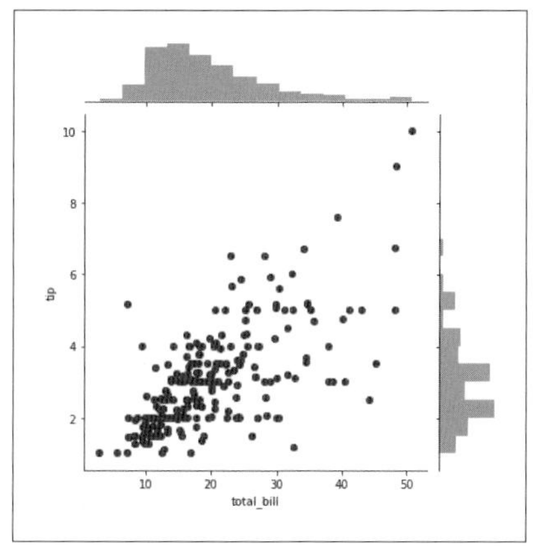

データの件数が多い時には散布図を描画すると重なりが非常に多くなります。そのような時、jointplotの引数**kind**に描画する方法を示す値を指定することで、わかりやすい見た目のグラフを作ることができます。**リスト5.23**のように、引数**kind**に**hex**を指定すると、六角形のビンで表示したグラフになります。多くの値が集中している箇所の六角形が濃くなるため、どの部分に値が集中しているのかがわかりやすくなります。

リスト5.23 ジョイントプロットの描画例③

```
sns.jointplot(x="total_bill", y="tip", kind="hex", data=tips)
```

Out

```
<seaborn.axisgrid.JointGrid at 0x1d359e1f0b8>
```

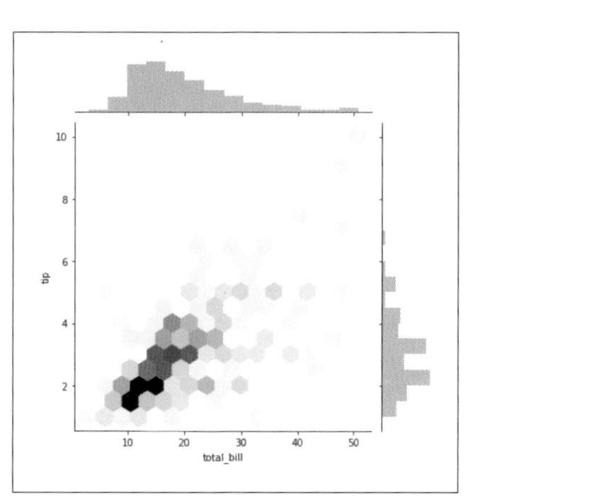

08 質的変数のプロット

2つの変数のうち一方が質的変数の場合の関係性を確認する際に用いる方法について取り扱います。

組み合わせる変数が両方とも量的変数の場合の関係性は散布図で確認できますが、片方が質的変数の場合は**catplot**関数が便利です。

引数**x**に質的変数を、引数**y**に量的変数を指定します（**リスト5.24**）。すると点の重なりが少なくなるようにわずかにずらされた状態で表示されます。

リスト5.24 質的変数のプロットの描画例

In

```
sns.catplot(x="time", y="total_bill", hue="sex", data=tips)
```

Out

```
<seaborn.axisgrid.FacetGrid at 0x184870c75c0>
```

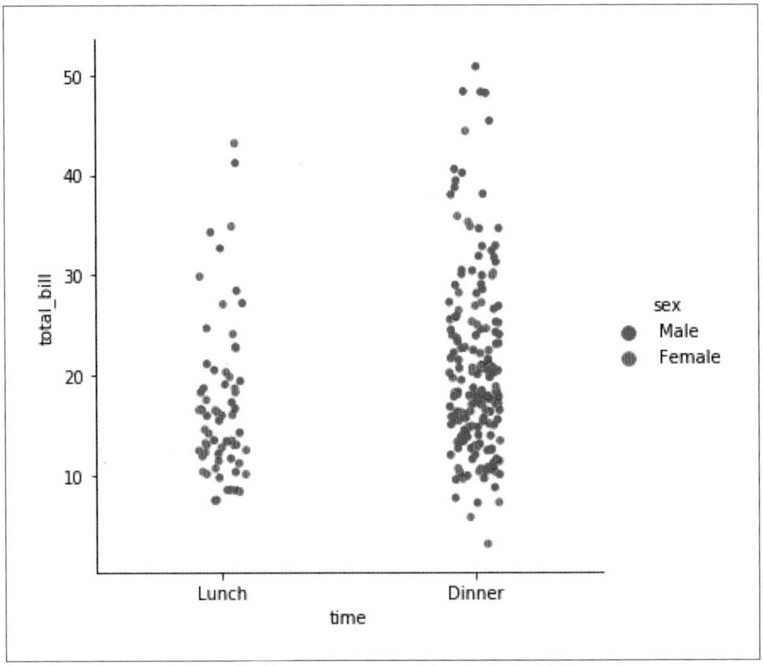

09 平行座標プロット

複数の変数の関係性を確認する際に用いる平行座標プロットについて取り扱います。

平行座標プロットとは

下限を最小値に、上限を最大値に設定し、それぞれを平行に並べたグラフを平行座標プロットと言います（**図5.1**）。正の相関が見られる時は線の交差は少なく、負の相関が見られる時は線の交差が多くなります。

データ数が多くなると関係性が見えづらくなるという欠点があります。そのため平行座標プロットは、データ量が少ない際に用います。

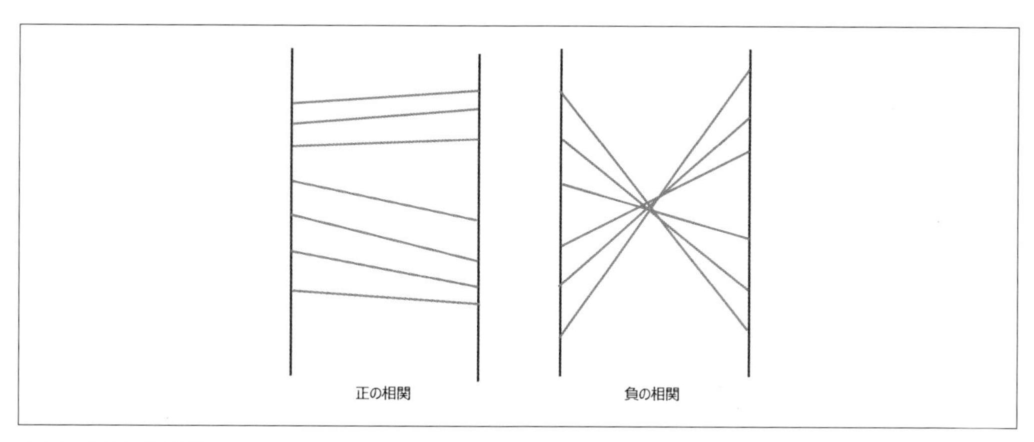

図5.1 平行座標グラフ

平行座標プロットを描画する

平行座標プロットの作成には**px.parallel_coordinates**関数を用います（**リスト5.25**）。引数**dimensions**に量的変数かもしくは順序尺度が格納されたカラムを指定します。

リスト5.25 平行座標プロットの描画例

In
```
tips = sns.load_dataset("tips")

fig = px.parallel_coordinates(tips,
    dimensions=["total_bill", "tip", "size"])

fig.show()
```

Out

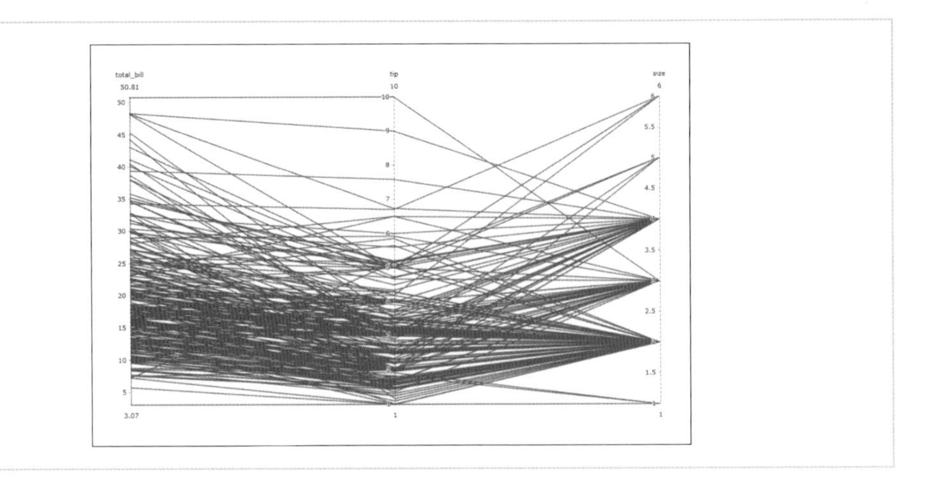

質的変数を比較するパラレルセットグラフを描画する

平行座標系のビジュアライゼーション手法の1つとして、パラレルセットグラフがあります。パラレルセットグラフは、データ数が多い際、質的変数を比較する時に用いられるチャートです。

質的変数の関係を可視化する手法はあまり多くなく、前述の平行座標プロットもそのうちの1つですが、データ数が多い際に線の重なりが多くなり読み取りづらくなります。このようにデータ数が多い際の変数の関係を表示する方法です。パラレルセットグラフは、リボンの幅が該当するデータの件数の割合を表しています（**リスト5.26**）。

リスト5.26 パラレルセットグラフの描画例

In

```
tips = sns.load_dataset("tips")
fig = px.parallel_categories(tips)

fig.show()
```

Out

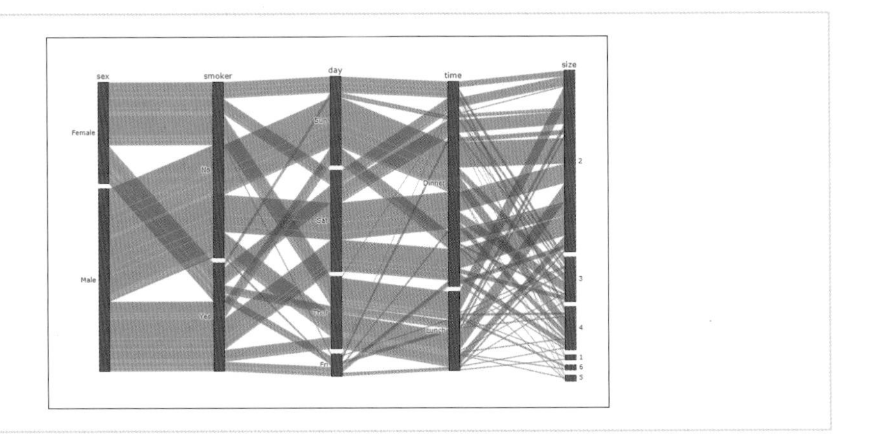

10 縦棒グラフ

縦方向の棒の長さで大きさの比較をする際に用いられる縦棒グラフについて取り扱います。

縦棒グラフとは

縦棒グラフは、各集計単位が持つ量の大きさを比較したい時によく利用されます。ビジネス資料などでも非常によく見るグラフの1つです。まずは**リスト5.27**のように利用するデータを読み込みます。

リスト5.27 データの読み込み

In
```
tips = sns.load_dataset("tips")
```

縦棒グラフを描画する

縦棒グラフを作成する際には、**sns.barplot**関数を使用します。

性別ごとに**tip**額の平均値を縦棒グラフで表現したい時は、あらかじめ性別ごとに**tip**額の平均値を計算します（**リスト5.28**）。

リスト5.28 性別ごとのtip額の平均値のデータ

In
```
# 性別ごとにチップの平均額を算出
tips_mean = tips.groupby("sex", as_index=False).mean()
tips_mean
```

Out

	sex	total_bill	tip	size
0	Male	20.744076	3.089618	2.630573
1	Female	18.056897	2.833448	2.459770

性別ごとの**tip**額の平均値のデータが用意できたら、**sns.barplot**関数で引数**x**に横軸に表示したいカラム名、引数**y**に縦軸に表示したいカラム名を指定します（**リスト5.29**）。

リスト5.29　縦棒グラフの描画例①

In
```
# 縦棒グラフを描画
sns.barplot(x="sex", y="tip", data=tips_mean)
```

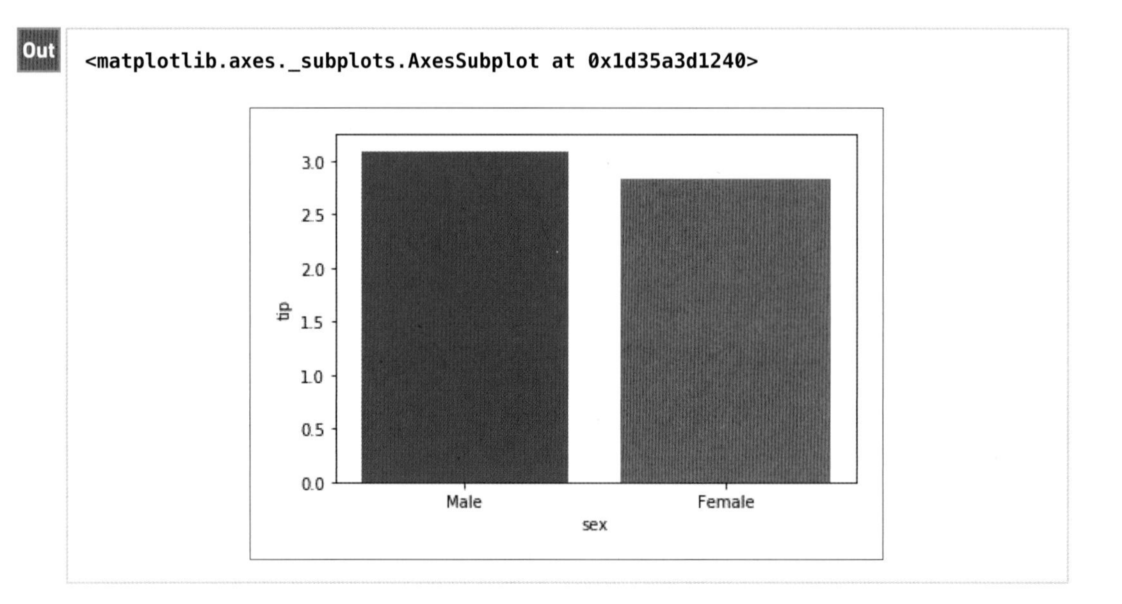

グラフの上に数値ラベルを表示する

数値をラベルとして縦棒グラフの上に追加したい場合、引数の指定だけでは簡単に表示できません。そのような時、「グラフの中に文字を配置する」という方法でラベル（数値）を表示できます（**リスト5.30**）。

リスト5.30　縦棒グラフの描画例②

In
```
# 性別ごとにチップの平均額を算出
tips_mean = tips.groupby("sex", as_index=False).mean()

# 縦棒グラフとして表示
ax = sns.barplot(x="sex", y="tip", data=tips_mean)

# 数値を追加（実際は任意位置に任意文字列を追加している）
for index, row in tips_mean.iterrows():
    ax.text(index, row.tip, row.tip, ha="center", va="bottom")
```

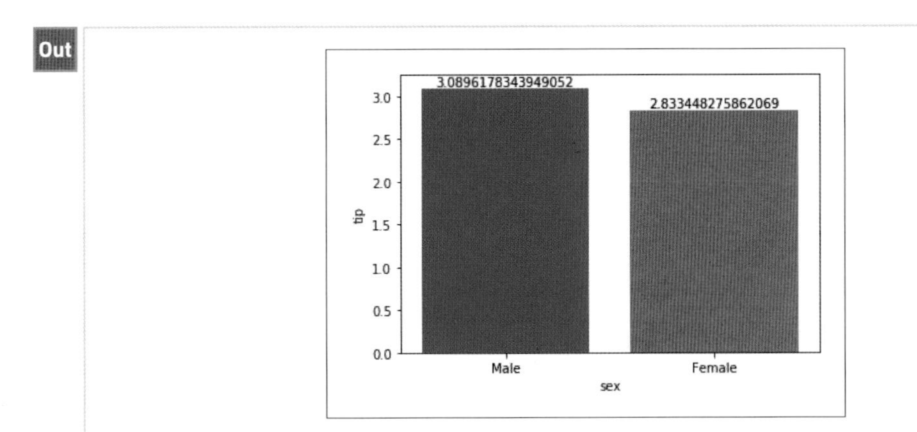

一定の数値に横棒を引く

特定の値を超えているかどうかを表したい場合、特定の値の箇所に線を引くことでわかりやすくなります。

axhline関数で線を引きたい数値を指定できます（**リスト5.31**）。

リスト5.31 縦棒グラフの描画例③

In

```
# 性別ごとにチップの平均額を算出
tips_mean = tips.groupby("sex", as_index=False).mean()

# 縦棒グラフとして表示
ax = sns.barplot(x="sex", y="tip", data=tips_mean)

# 数値（2.5）に線を引く
ax.axhline(2.5, color="red")
```

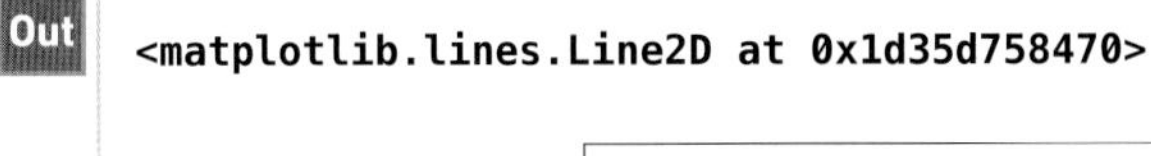

```
<matplotlib.lines.Line2D at 0x1d35d758470>
```

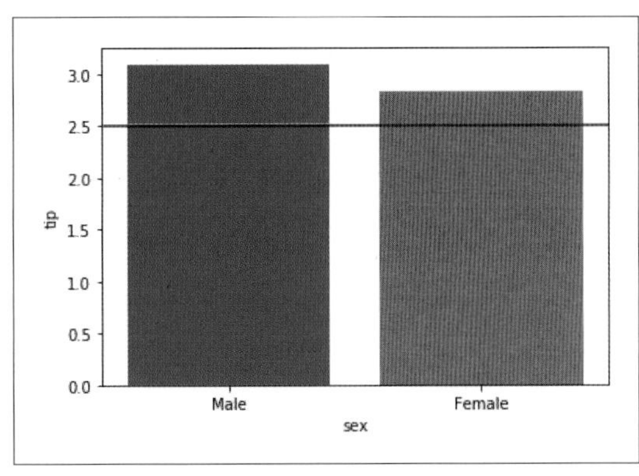

積み上げ縦棒グラフを描画する

積み上げ縦棒グラフを描画するには確認したい区分である性別と時間帯ごとに**tip**額の平均の集計をしておきます（**リスト5.32**）。

リスト5.32 性別・時間帯ごとのtip額の平均値のデータ

In
```
# 性別・時間帯ごとにチップ額の平均値を算出
tips_cross = pd.crosstab(index=tips["sex"], columns=tips["time"],
                         values=tips["tip"], aggfunc="sum")
tips_cross
```

Out

time sex	Lunch	Dinner
Male	95.11	389.96
Female	90.40	156.11

まず1つ目の要素について**sns.barplot**関数を実行し、次に上に積み上げる縦棒グラフの**sns.barplot**関数の引数**bottom**に1つ目の縦棒グラフの引数**y**に与えた値を指定します（**リスト5.33**）。

リスト5.33 積み上げ縦棒グラフの描画例

In
```
# 積み上げ縦棒グラフを描画
f, ax = plt.subplots()
sns.barplot(x=tips_cross.index, y=tips_cross["Lunch"],
            color="orange", label="Lunch")
sns.barplot(x=tips_cross.index, y=tips_cross["Dinner"],
            color="darkblue", label="Dinner",
            bottom=tips_cross["Lunch"])
plt.ylabel("tip")
ax.legend(loc="upper left", bbox_to_anchor=(1, 1))
```

Out
```
<matplotlib.legend.Legend at 0x18486b31630>
```

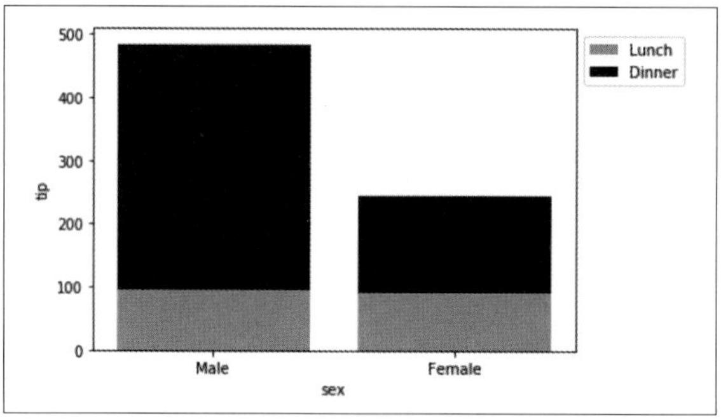

複数段の積み上げ縦棒グラフを描画する

2つの積み上げ縦棒グラフと同じことを繰り返すことで3段以上の複数段の積み上げ縦棒グラフを描画することもできます。

数が多い場合は、**for**文を用いると積み上げる段数が多くても効率的に複数段の積み上げ縦棒グラフを作成できます（**リスト5.34**）。

リスト5.34　複数段の積み上げ縦棒グラフの描画例

In

```
# 性別・曜日ごとにチップ額を集計する
tips_sum = tips.groupby(["sex", "day"], as_index=False).sum()
f, ax = plt.subplots()

# 複数段の積み上げ縦棒グラフを描画
idx = 0
palette = sns.color_palette("Set2")
bottom = np.zeros(len(tips_sum.sex.unique()))
for day in tips_sum.day.unique():
    sns.barplot(x="sex", y="tip",
                data=tips_sum[tips_sum.day == day],
                bottom=bottom, color=palette[idx],
                label=day)
    bottom += list(tips_sum[tips_sum.day == day]["tip"])
    idx += 1

ax.legend(loc="upper left", bbox_to_anchor=(1, 1))
```

Out

```
<matplotlib.legend.Legend at 0x1eb5a055630>
```

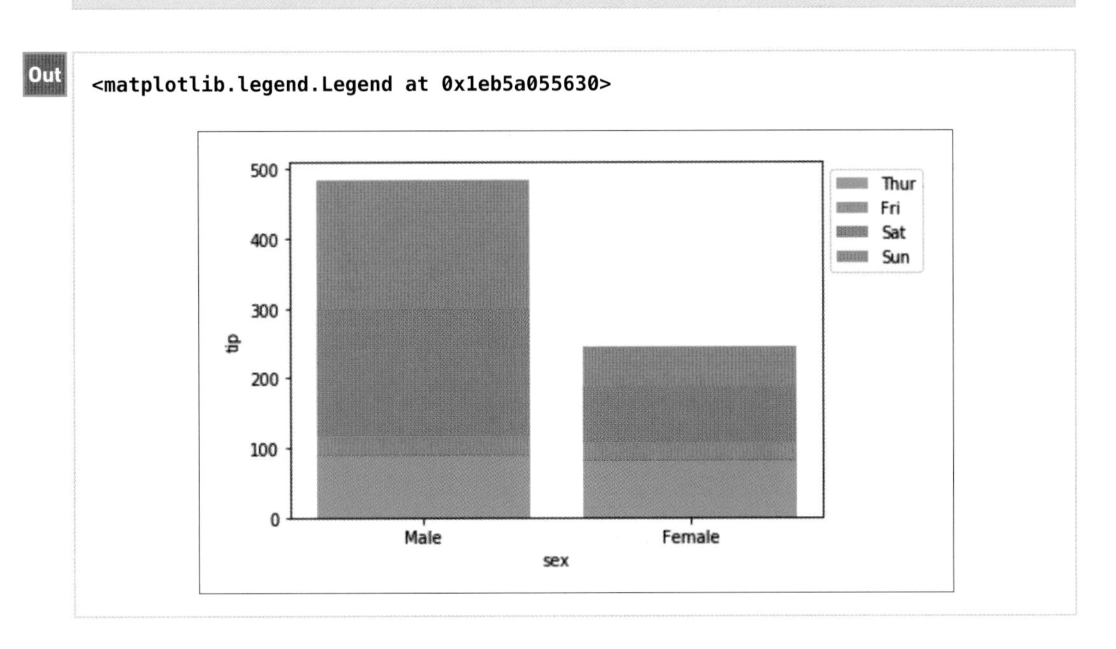

100%積み上げ縦棒グラフを描画する

100%積み上げ縦棒グラフも描画できます。

具体的な方法を見ていきましょう。まず100%積み上げ縦棒グラフに使用するデータセットを作成します。

割合を示したいカラムの合計値が100%になるようにデータの集計を行います。データの集計は**crosstab**関数を使用し、引数**normalize**に**index**を指定します（**リスト5.35**）。

リスト5.35 100%積み上げ縦棒グラフに使用するデータセットを作成

In

```
# 性別・時間帯ごとにチップ額の合計を行ごとに正規化したものを算出
tips_cross_n = pd.crosstab(index=tips["sex"], columns=tips["time"],
                           values=tips["tip"], aggfunc="sum",
                           normalize="index")
tips_cross_n
```

Out

time sex	Lunch	Dinner
Male	0.196075	0.803925
Female	0.366719	0.633281

全体の構成比を表現するデータセットが得られたため、普通の積み上げ縦棒グラフを作る要領で**sns.barplot**関数を用いて100%積み上げ縦棒グラフを描画できます。積み上げ縦棒グラフを作成する要領で、2段目については引数**bottom**に、1段目の引数**y**に指定したカラムを指定することで、全体で100%となる積み上げ縦棒グラフを描画できます（**リスト5.36**）。

リスト5.36 100%積み上げ縦棒グラフの描画例

In

```
# 100%積み上げ縦棒グラフを描画
f, ax = plt.subplots()
sns.barplot(x=tips_cross_n.index, y=tips_cross_n["Lunch"],
            color="orange", label="Lunch")
sns.barplot(x=tips_cross_n.index, y=tips_cross_n["Dinner"],
            color="darkblue", bottom=tips_cross_n["Lunch"],
            label="Dinner")
plt.ylabel("percentage of tips")
ax.legend(loc="upper left", bbox_to_anchor=(1, 1))
```

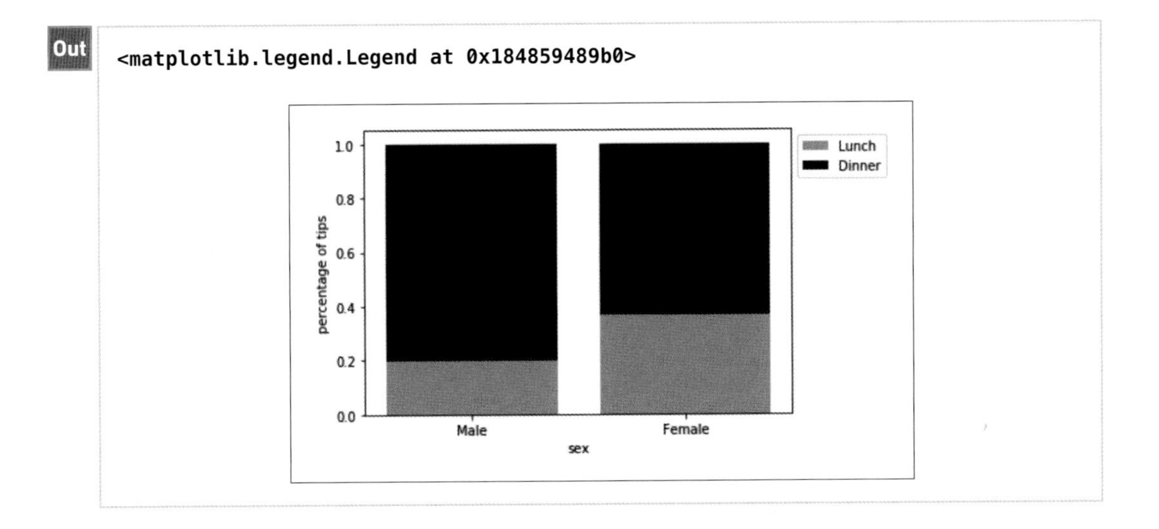

複数段の積み上げ縦棒グラフを描画する(plotlyで積み上げ縦棒グラフを描画する)

plotlyでは複数段の積み上げ縦棒グラフを簡単に描画できます(**リスト5.37**)。

リスト5.37 複数段の積み上げ縦棒グラフの描画例

In

```
# 性別・曜日ごとにチップ額を集計する
tips_sum = tips.groupby(["sex", "day"], as_index=False).sum()

# 複数段の積み上げ縦棒グラフを描画
px.bar(tips_sum, x="sex", y="tip", color="day", text="tip")
```

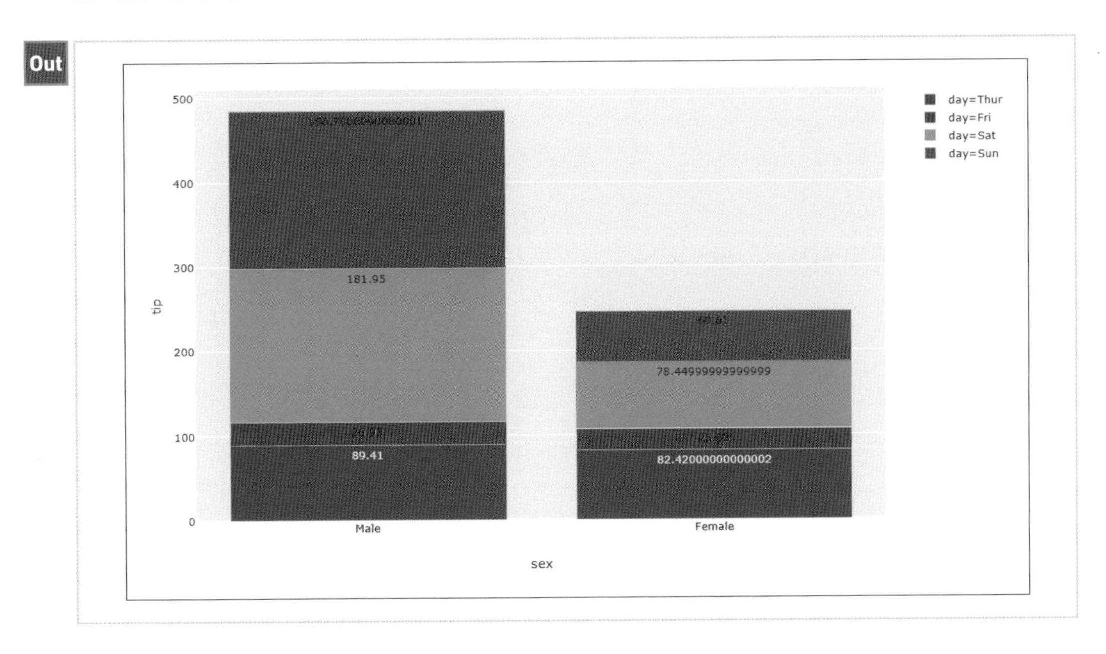

複数の要素を並べて描画する

複数のデータの縦棒グラフを比較しやすいように横に並べて表示したい場合、引数**hue**に、比較したい値が入力されているカラムを指定します。この方法に適したデータの保有形式になるよう、**tips**のデータの保有形式を変更します（**リスト5.38**）。

リスト5.38 複数の要素を並べて描画する例

In

```
# 曜日ごとに各値の平均を算出
tips_mean = tips.groupby("day", as_index=False).mean()

# size列を消去
tips_mean = tips_mean.drop("size", axis=1)
tips_mean
```

Out

	day	total_bill	tip
0	Thur	17.682742	2.771452
1	Fri	17.151579	2.734737
2	Sat	20.441379	2.993103
3	Sun	21.410000	3.255132

In

```
# データフレームを整形
tips_mean = tips_mean.set_index("day")
tips_mean = tips_mean.stack().rename_axis(["day", "type"]).reset_index()➡
.rename(columns={0: "dollars"})
tips_mean
```

Out

	day	type	dollars
0	Thur	total_bill	17.682742
1	Thur	tip	2.771452
2	Fri	total_bill	17.151579
3	Fri	tip	2.734737
4	Sat	total_bill	20.441379
5	Sat	tip	2.993103
6	Sun	total_bill	21.410000
7	Sun	tip	3.255132

In

```
sns.barplot(x="day", y="dollars", hue="type", data=tips_mean)
```

```
<matplotlib.axes._subplots.AxesSubplot at 0x1d35ec617b8>
```

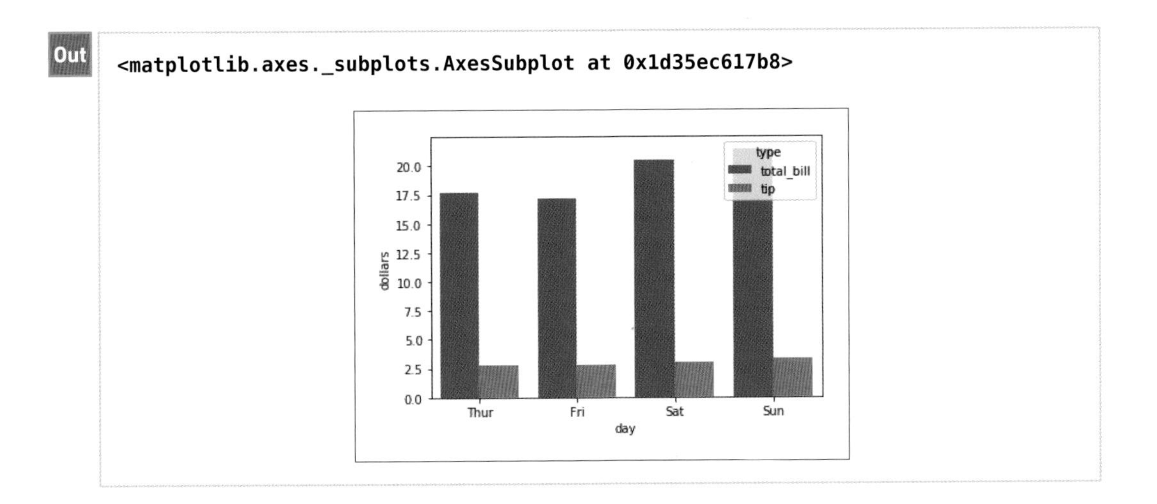

複数の縦棒グラフをplotlyで描画する

plotlyで複数の縦棒グラフを描画する際は、**update_layout**関数の引数**barmode**に**group**を指定します。すると、複数の縦棒グラフを横に並べた形で描画できます（**リスト5.39**）。

リスト5.39　plotlyで複数の縦棒グラフを描画する例

```
tips_mean = tips.groupby("day", as_index=False).mean()
fig = go.Figure(data=[go.Bar(name="tips",
                             x=tips_mean["day"],
                             y=tips_mean["total_bill"]),
                      go.Bar(name="total_bill",
                             x=tips_mean["day"],
                             y=tips_mean["tip"])])
# 並べる
fig.update_layout(barmode="group")
fig.show()
```

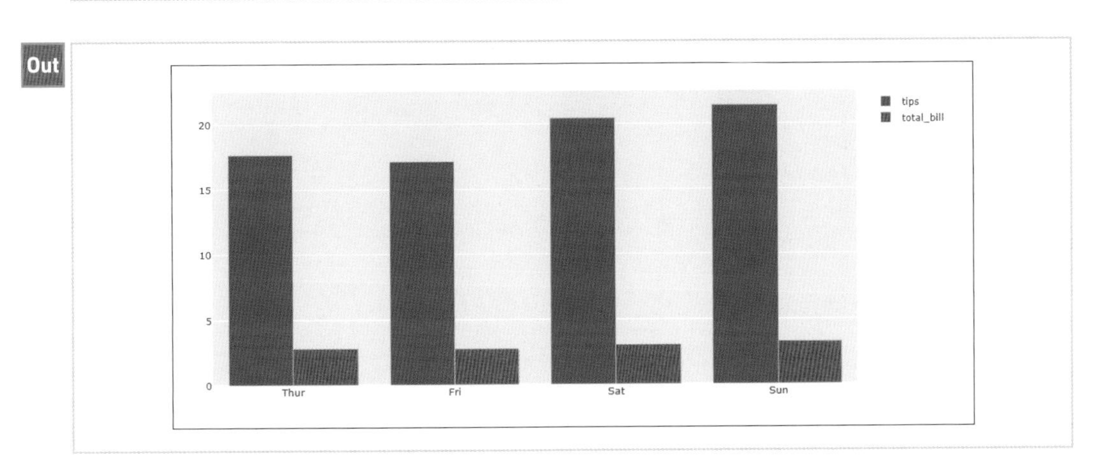

縦棒グラフの1つの色を変更する

縦棒グラフで特定の項目に着目してほしい場合、対象となる縦棒グラフの色を濃く変える、その他の縦棒グラフの色を薄い色もしくは無彩色にするという手法があります。

着目してほしい縦棒グラフの色だけを強調色とし、その他の縦棒グラフの色を無彩色にするようなカラーパレットを作成することで、特定の縦棒グラフを強調することができます（**リスト5.40**）。

リスト5.40　特定の縦棒グラフの色を変更する

In

```
# 曜日ごとにチップの平均額を算出
tips_mean = tips.groupby("day", as_index=False).mean()

# 色の設定
default_color = "#555555"  # 標準の色
point_color = "#CC0000"  # 強調色
idx = 2 # 強調する縦棒グラフ

# パレットの作成
palette = sns.color_palette([default_color], len(tips_mean))
palette[idx] = sns.color_palette([point_color])[0]

sns.barplot(x="day", y="tip", data=tips_mean, palette=palette)
```

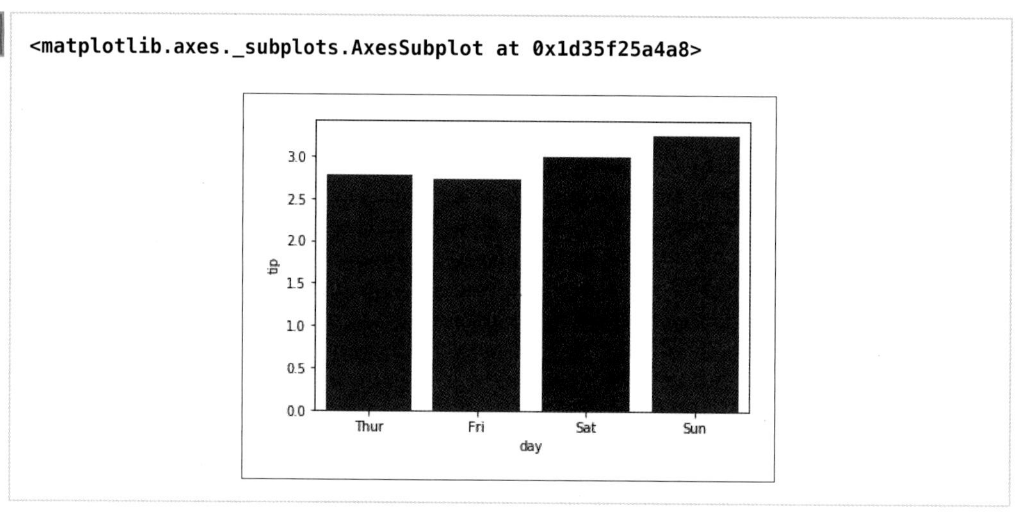

積み上げ縦棒グラフで特定の属性だけ色を変更して強調する

積み上げ縦棒グラフでも通常の縦棒グラフと同様に、強調したい部分には強調色を指定して、それ以外には無彩色を指定します。ただし、強調色以外を1つの色にしてしまうと強調しない項目間の区切りがわからなくなってしまうため、複数の無彩色が含まれるカラーパレットである**binary**をデフォルトのカラーパレットとします（**リスト5.41**）。

リスト5.41　特定の属性だけ色を変更して強調する

In
```
# 性別・曜日ごとにチップ額を集計する
tips_sum = tips.groupby(["sex", "day"], as_index=False).sum()

# 色の設定
point_color = "#CC0000"

# パレット作成
default_palette = sns.color_palette("binary")

f, ax = plt.subplots()
# 複数段の積み上げ縦棒グラフの描画
idx = 0
bottom = np.zeros(len(tips_sum.sex.unique()))
for day in tips_sum.day.unique():
    if day == "Fri":
        # 金曜日だけ強調する
        color = point_color
    else:
        color = default_palette[idx]
    idx += 1
    sns.barplot(x="sex", y="tip", data=tips_sum[tips_sum.day == day],
                bottom=bottom, color=color, label=day)
    bottom += list(tips_sum[tips_sum.day == day]["tip"])

ax.legend(loc="upper left", bbox_to_anchor=(1, 1))
```

Out
```
<matplotlib.legend.Legend at 0x18486a4a5f8>
```

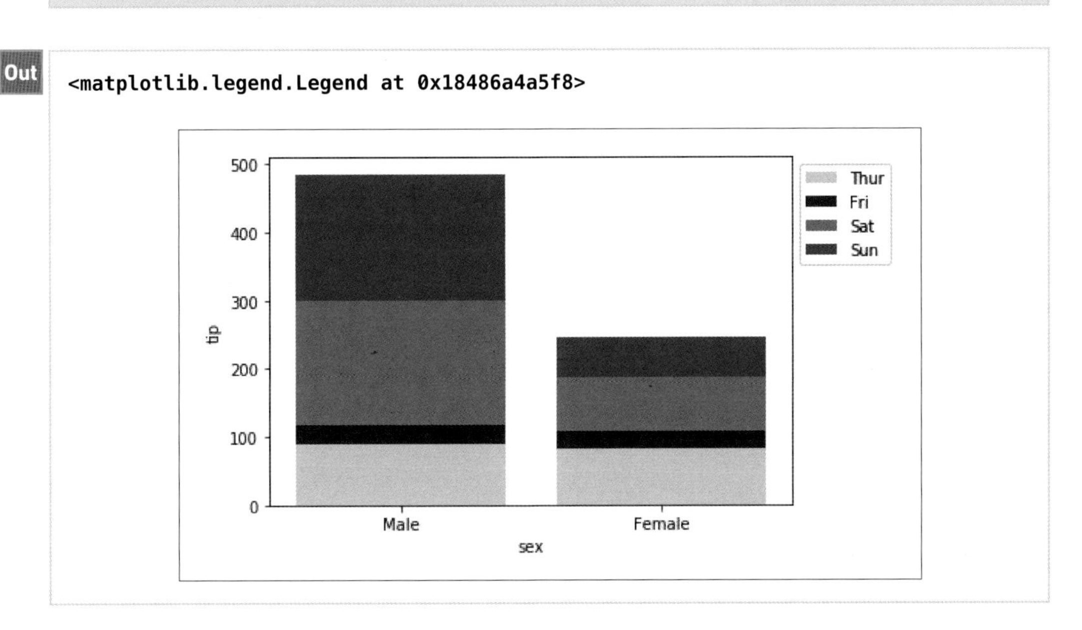

11 横棒グラフ

横方向の棒の長さで大きさの比較を行う際に用いられる横棒グラフについて取り扱います。

横棒グラフとは

横棒グラフは、縦棒グラフと同様に値の大小の比較に用いられるグラフです。

縦棒グラフの作成時と同様に**sns.barplot**関数を用いることで、横棒グラフを表示できます（**リスト5.42**）。引数**x**に量的変数、引数**y**に質的変数を指定することで横棒グラフとなります。

リスト5.42 横棒グラフの描画例

In

```
# 性別ごとにチップの平均額を算出
tips_mean = tips.groupby("sex", as_index=False).mean()

# 横棒グラフを描画
sns.barplot(x="tip", y="sex", data=tips_mean)
```

Out

```
<matplotlib.axes._subplots.AxesSubplot at 0x1d35f2cc4a8>
```

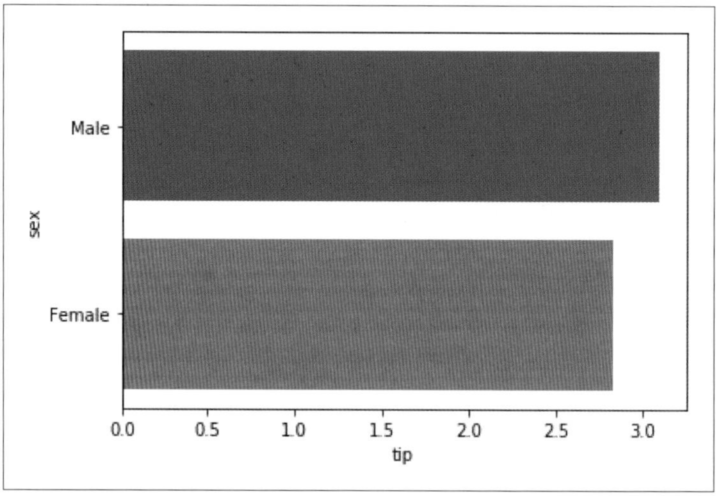

積み上げ横棒グラフを描画する

横棒グラフの積み上げ棒グラフも縦棒グラフの積み上げ棒グラフと同様に**sns.barplot**関数の引数を指定することで積み上げができます。なお、縦棒グラフの積み上げは引数**bottom**で2つ目以降の縦棒グラフの開始位置を指定していましたが、横棒グラフの積み上げでは引数**left**で指定します（**リスト5.43**）。

リスト5.43 積み上げ横棒グラフの描画例

In

```
# 性別・時間帯ごとにチップ額の合計値を算出
tips_cross = pd.crosstab(index=tips["sex"], columns=tips["time"],
                         values=tips["tip"], aggfunc="sum")
f, ax = plt.subplots()
# 積み上げ横棒グラフを描画
sns.barplot(x=tips_cross["Lunch"], y=tips_cross.index,
            color="orange", label="Lunch")
sns.barplot(x=tips_cross["Dinner"], y=tips_cross.index,
            color="darkblue", left=tips_cross["Lunch"],
            label="Dinner")
plt.xlabel("tip")
ax.legend(loc="upper left", bbox_to_anchor=(1, 1))
```

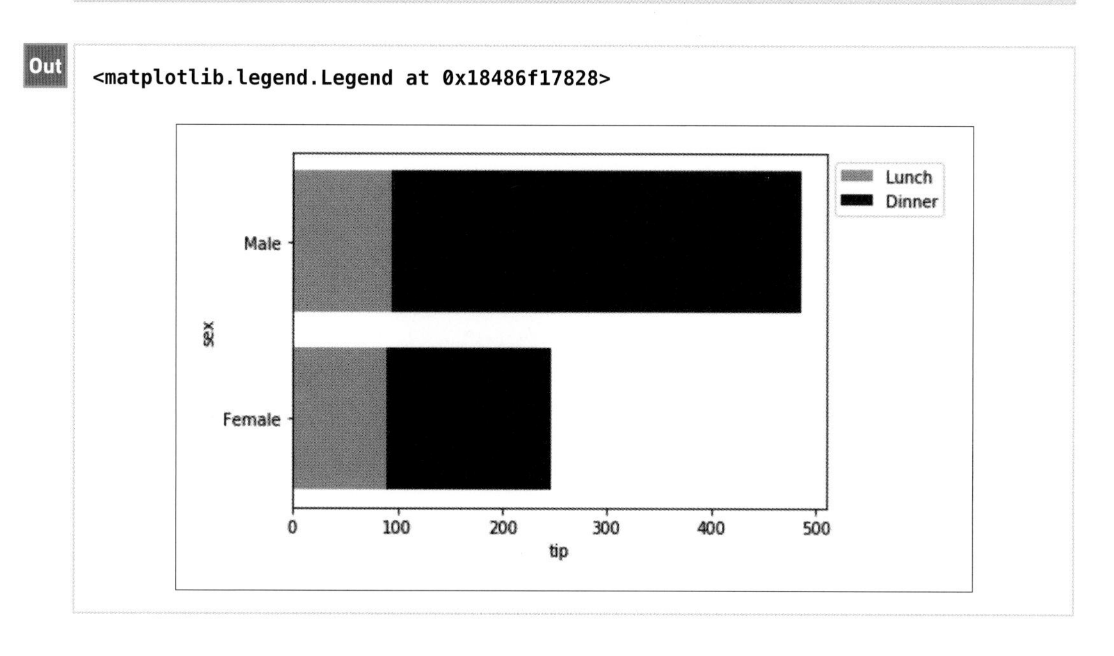

横棒グラフも縦棒グラフと同様に複数段の積み上げ横棒グラフを描画することができます。

作成方法は基本的に縦棒グラフと同様ですが、横方向に新しい棒グラフを追加していくため、**sns.barplot**関数の引数を**bottom**ではなく、**left**にします（**リスト5.44**）。

リスト5.44 2つ以上の積み上げ横棒グラフの描画例

In

```
# 性別・曜日ごとにチップ額を集計する
tips_sum = tips.groupby(["sex", "day"], as_index=False).sum()
# 複数段の積み上げ横棒グラフの描画
f, ax = plt.subplots()
idx = 0

palette = sns.color_palette("Set2")
left = np.zeros(len(tips_sum.sex.unique()))
for day in tips_sum.day.unique():
    sns.barplot(x="tip", y="sex",
                data=tips_sum[tips_sum.day == day], left=left,
                color=palette[idx], label=day)
    left += list(tips_sum[tips_sum.day == day]["tip"])
    idx += 1
ax.legend(loc="upper left", bbox_to_anchor=(1, 1))
```

Out

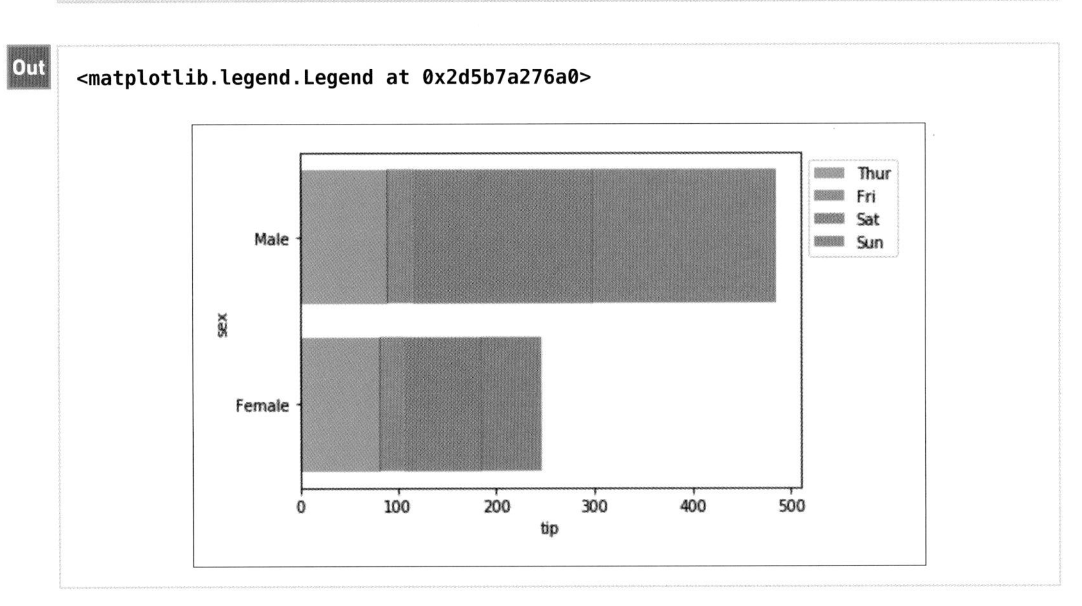

100%積み上げ横棒グラフを描画する

横方向の100%積み上げ棒グラフも、縦棒グラフと同様に集計したいカラムの合計値が100%になるようにデータセットを作成します。その後、積み上げ横棒グラフの作成と同様に、**sns.**

barplot関数を実行します（**リスト5.45**）。

リスト5.45　2つ以上の積み上げ横棒グラフの描画例

In

```
# 性別・時間帯ごとにチップ額の合計を行ごとに正規化したものを算出
tips_cross = pd.crosstab(index=tips["sex"], columns=tips["time"],
                         values=tips["tip"], aggfunc="sum", normalize="index")
# 積み上げ横棒グラフを描画
f, ax = plt.subplots()
sns.barplot(x=tips_cross["Lunch"], y=tips_cross.index,
            color="orange", label="Lunch")
sns.barplot(x=tips_cross["Dinner"], y=tips_cross.index,
            color="darkblue", left=tips_cross["Lunch"], label="Dinner")
plt.xlabel("percentage of tips")
ax.legend(loc="upper left", bbox_to_anchor=(1, 1))
```

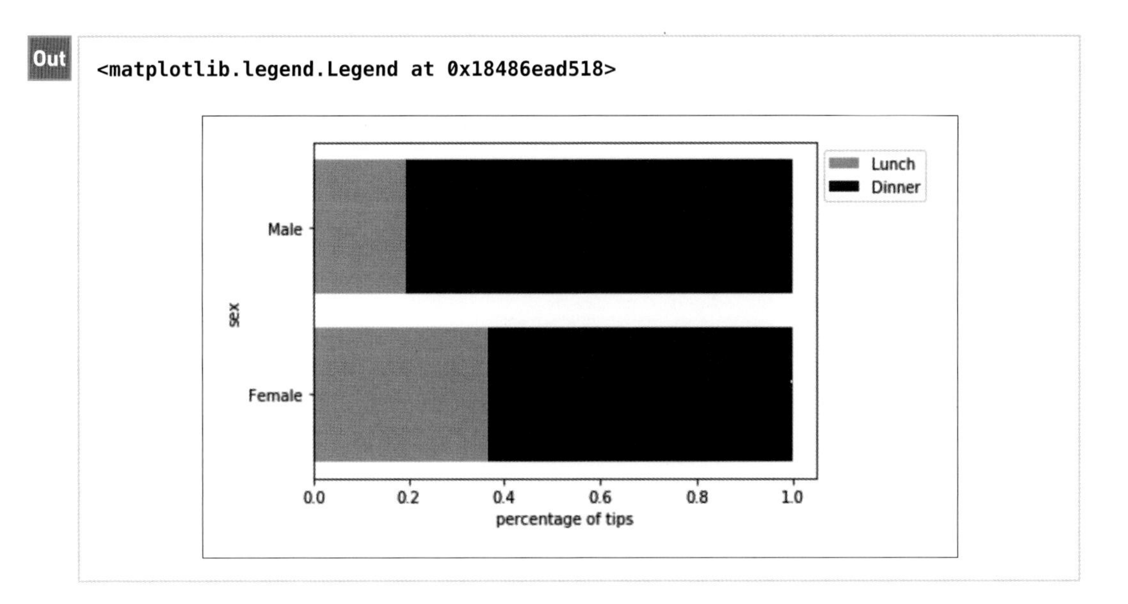

凡例の表示位置

グラフを作成する際、**legend**関数の引数**loc**に値を設定することで凡例の表示位置を変更することができます。

グラフの凡例を外側に表示する（右上に表示）

右上に表示したい場合は、**legend**関数の引数**loc**に**upper left**を指定します（**リスト5.46**）。

リスト5.46　グラフの凡例を外側に表示する例

In

```
# 曜日ごとに各値の平均を算出
tips_mean = tips.groupby("day", as_index=False).mean()
# size列を消去
tips_mean = tips_mean.drop("size", axis=1)

# データフレームを整形
tips_mean = tips_mean.set_index("day")
tips_mean = tips_mean.stack().rename_axis(["day", "type"]).reset_index()➡
.rename(columns={0: "dollars"})

ax = sns.barplot(x="day", y="dollars", hue="type", data=tips_mean)

# 凡例を右上に表示
ax.legend(loc="upper left", bbox_to_anchor=(1, 1))
```

Out

```
<matplotlib.legend.Legend at 0x1d35f4064e0>
```

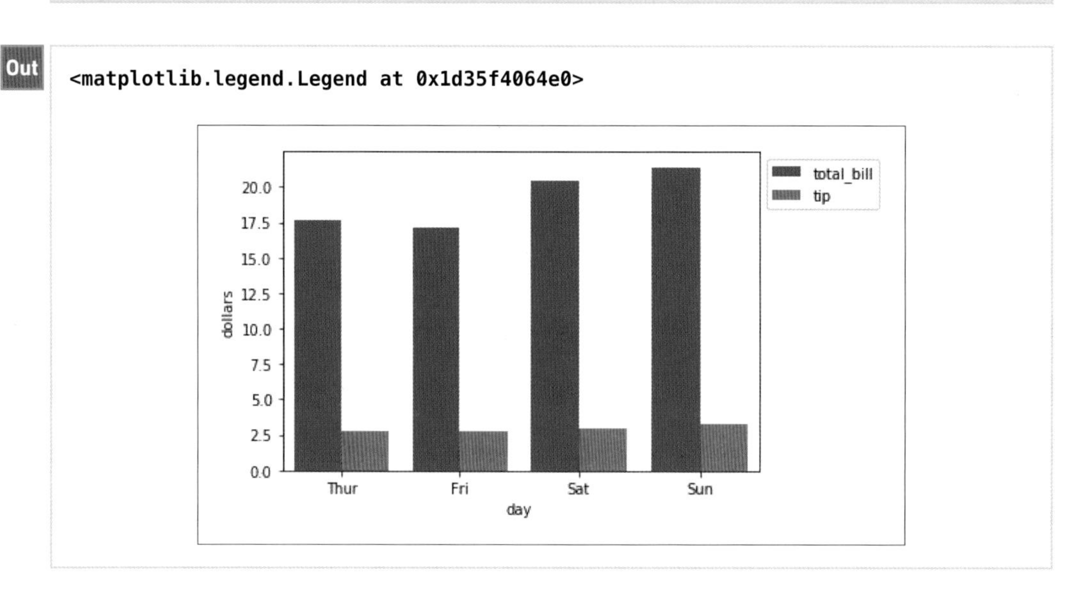

グラフの凡例を外側に表示する（右下に表示）

右下に表示したい場合は**legend**関数の引数**loc**に**lower left**を指定します（**リスト5.47**）。

リスト5.47　グラフの凡例を右下に表示する例

In

```
(…略：12行目までリスト5.45と同じ…)
# 凡例を右下に表示
ax.legend(loc="lower left", bbox_to_anchor=(1, 0))
```

Out

```
<matplotlib.legend.Legend at 0x1d35d70d438>
```

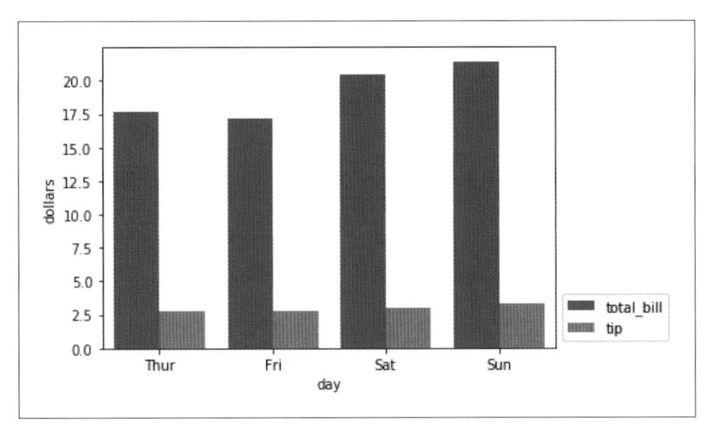

グラフの凡例を外側に表示する（中央下に表示）

グラフの下の中央に表示したい時は**legend**関数の引数**loc**に**upper center**に指定します（**リスト5.48**）。

リスト5.48 グラフの凡例を中央下に表示する例

In

```
(…略：12行目までリスト5.45と同じ…)
# 凡例を中央下に表示
ax.legend(loc="upper center", bbox_to_anchor=(0.5, -0.15))
```

Out

```
<matplotlib.legend.Legend at 0x1d35f35dfd0>
```

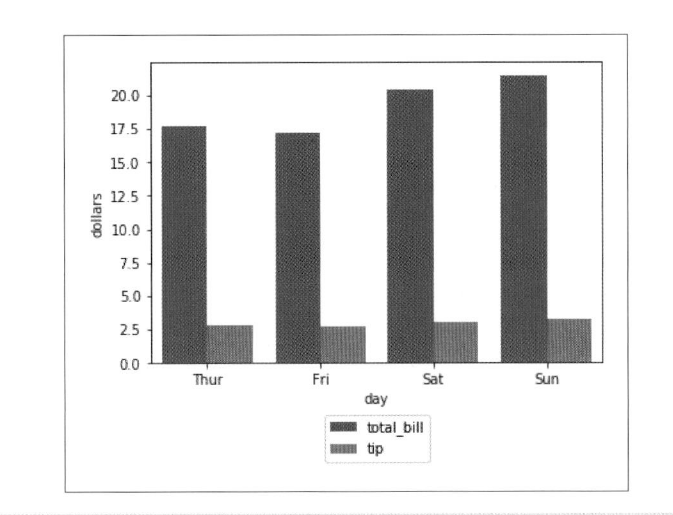

複数のグラフを並べる（グラフ分割）

複数のグラフをまとめて1つに表示したい場合、まず**plt.subplots**関数で何行×何列のグラフにするかを定義します。その後、棒グラフを作成する**sns.barplot**関数の引数**ax**でどの位置に配置するかを指定します（**リスト5.49**）。

リスト5.49 複数のグラフを並べる（グラフ分割）例

In

```
labels1 = ["Alice", "Bob"]
y1 = [20, 40]

labels2 = ["Charlie", "Devid"]
y2 = [70, 30]

f, axs = plt.subplots(1, 2)
sns.barplot(x=labels1, y=y1, ax=axs[0])
sns.barplot(x=labels2, y=y2, ax=axs[1])
```

Out

```
<matplotlib.axes._subplots.AxesSubplot at 0x1d35d7fd940>
```

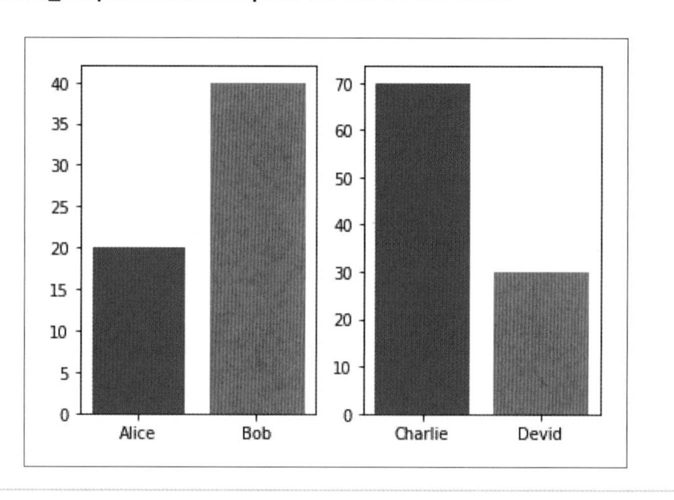

| COLUMN | pandasの利用

pandasデータフレームで積み上げ縦棒グラフを描画する

データ処理に使うライブラリのpandasでもグラフを描画することができます。積み上げ縦棒グラフについてはpandasのほうが簡単に描画できることもあります。

例えば、seabornに含まれるtitanicのデータに対して、**class**と**sex**で集計を行い、作成したデータフレームがあるとします。

その後、**データフレーム名.plot.bar(stacked=True)**を実行することで、このデータフレームを元にした積み上げ縦棒グラフを描画できます（**リスト5.50**）。

リスト5.50 pandasデータフレームによる積み上げ縦棒グラフの描画例

In
```
titanic = sns.load_dataset("titanic")
df = pd.crosstab(titanic["class"], titanic["sex"])
df
```

Out

sex class	female	male
First	94	122
Second	76	108
Third	144	347

In
```
df.plot.bar(stacked=True)
```

Out
```
<matplotlib.axes._subplots.AxesSubplot at 0x1d35f2c8c18>
```

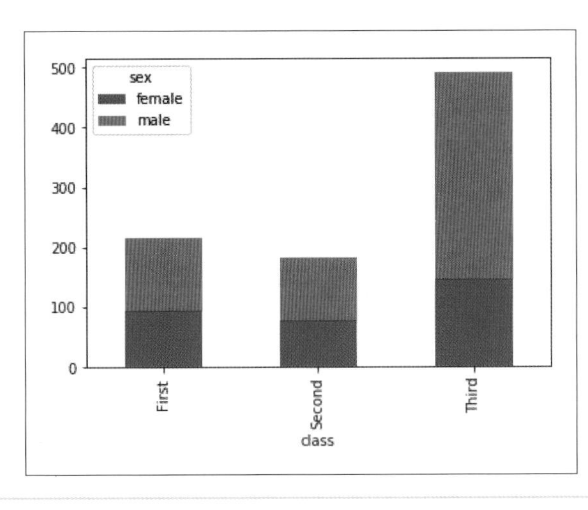

pandasデータフレームで100%積み上げ縦棒グラフを描画する

100%積み上げ縦棒グラフも、全体で100%になるようにデータを集計してから**データフレーム名.plot.bar(stacked=True)**を実行すると描画できます（**リスト5.51**）。

リスト5.51 pandasデータフレームによる100%積み上げ縦棒グラフの描画例

In
```
df2 = pd.crosstab(titanic["class"], titanic["sex"], normalize="index")
df2
```

Out

sex class	female	male
First	0.435185	0.564815
Second	0.413043	0.586957
Third	0.293279	0.706721

In
```
df2.plot.bar(stacked=True)
```

Out
```
<matplotlib.axes._subplots.AxesSubplot at 0x1d35d17b1d0>
```

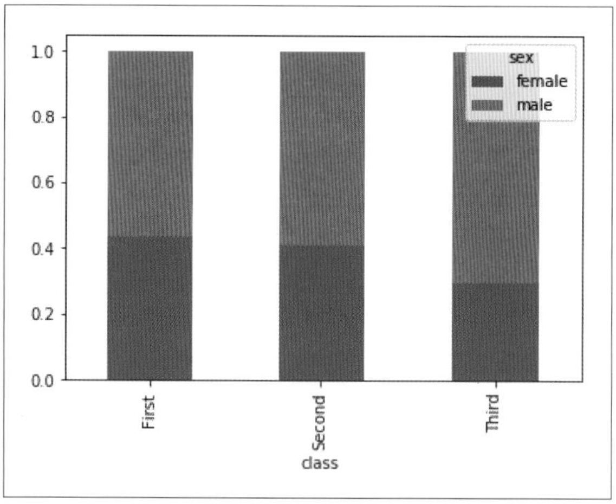

pandasデータフレームで積み上げ横棒グラフを描画する

classと**sex**で集計をした後、横向きの積み上げ棒グラフを作成するには**データフレーム名.plot.barh(stacked=Ture)**を実行します（**リスト5.52**）。

リスト5.52　pandasデータフレームによる積み上げ横棒グラフの描画例

In
```
df.plot.barh(stacked=True)
```

Out
```
<matplotlib.axes._subplots.AxesSubplot at 0x1d35a3f4470>
```

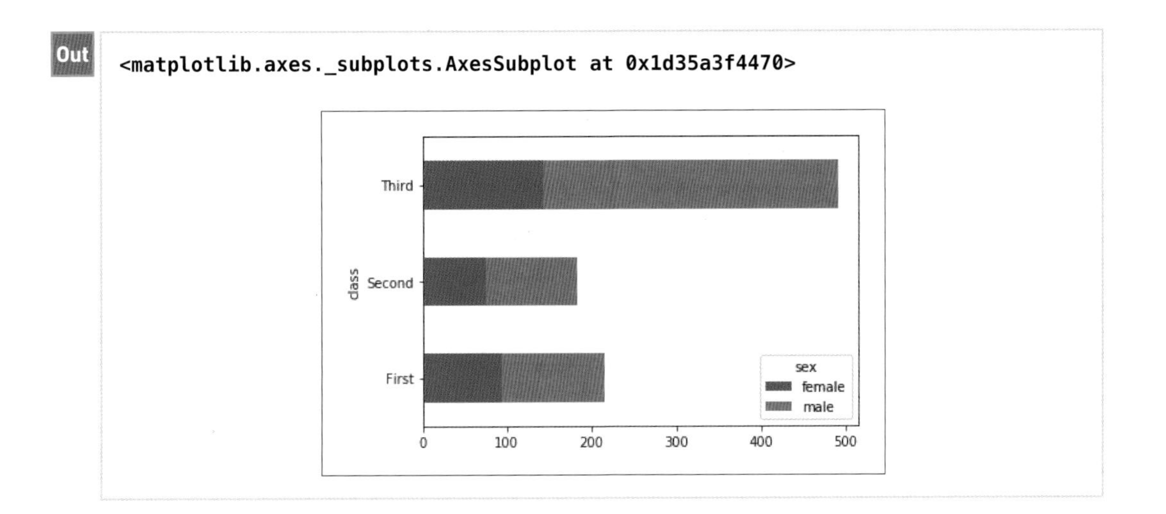

pandasデータフレームで100%積み上げ横棒グラフを描画する

100%の積み上げ横棒グラフを作成するには、まず元のデータセットをあらかじめ全体で100%になるように集計をしたら、**データフレーム名.plot.barh(stacked = True)**を実行します（**リスト5.53**）。

リスト5.53　pandasデータフレームによる100%積み上げ横棒グラフの描画例

In
```
df2.plot.barh(stacked=True)
```

Out
```
<matplotlib.axes._subplots.AxesSubplot at 0x1d35d151860>
```

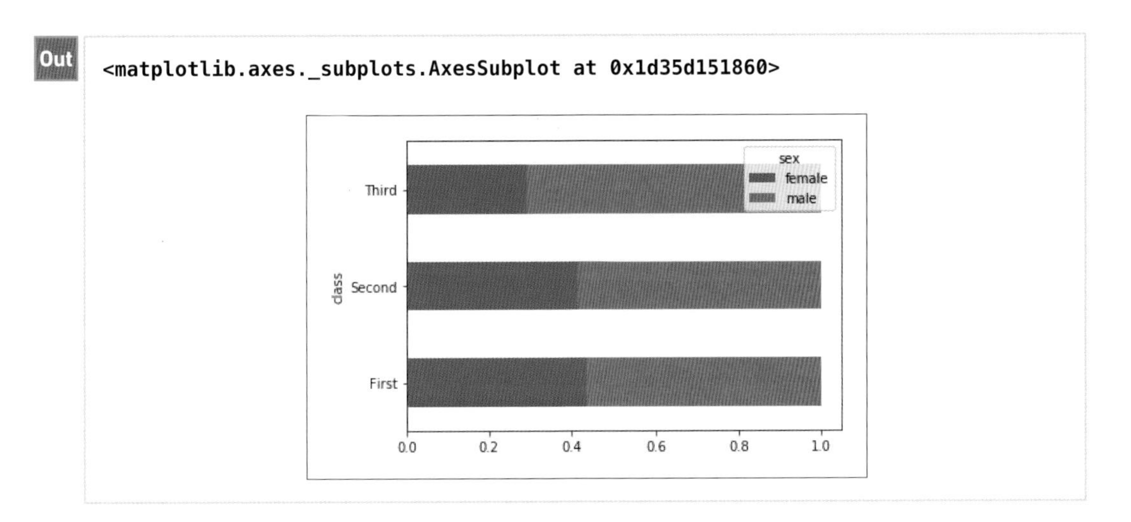

12 円グラフ

割合を表現する際に用いられる円グラフについて取り扱います。

円グラフとは

円グラフは、円を構成する扇の中心角の角度で割合を表現する方法です。

円グラフは情報が正確に読み取りにくいため、好まれない場合があります。ただし、ビジネスの場では割合を表現する際によく用いられます。

seabornには円グラフを書く機能が実装されていないため、ここではmatplotlibを利用して円グラフを描画します。

デフォルト設定の円グラフ

plt.pie関数で円グラフを作成することができます。100%積み上げ棒グラフと異なり、データセットを割合に変更する必要はなく、そのまま描画できます。**plt.pie**関数の引数**autopct**に**%1.1f%%**を与えることで、各データの割合を小数点以下1桁までの値として円グラフ中に表示することができます（**リスト5.54**）。

リスト5.54　デフォルト設定の円グラフの描画例

In

```
sns.set(font="Meiryo")

# データ定義
sales_dep = pd.DataFrame({
    "label": ["第1営業部", "第2営業部", "第3営業部",
              "インターネット事業部1", "インターネット事業部2"],
    "value": [500, 130, 200, 75, 20]})
plt.pie(sales_dep["value"], labels=sales_dep["label"],
        autopct="%1.1f%%")
plt.show()
```

データ定義の箇所。リスト55から56で省略している部分

Out

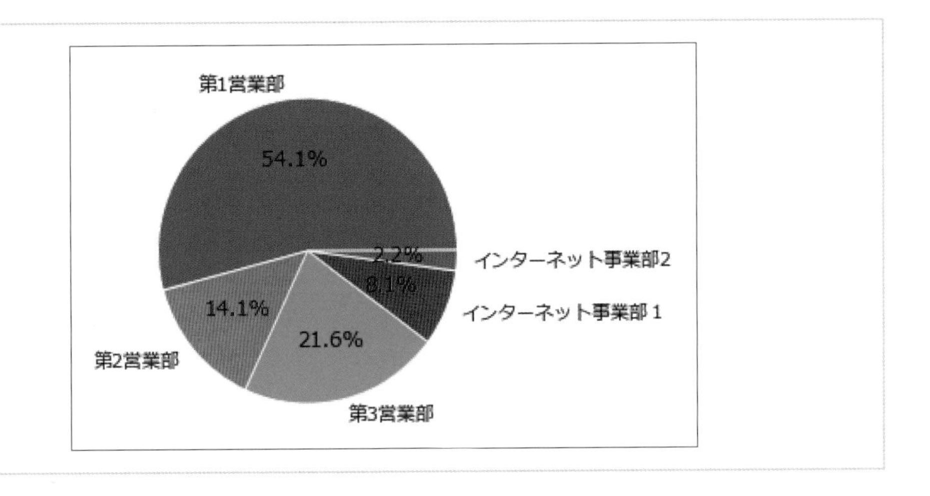

大きい順に並べて時計の12時の位置から始まる円グラフにする

matplotlibの円グラフの始点はデフォルトでは時計の3時の位置から始まり、逆時計回りに表示されるようになっています。

ここでは12時の位置から始まり、値の大きい順に時計回りに表示するように設定を行います。

まずは、値が大きい順に表示されるようにするため、**sort_values**関数でデータセットを円グラフに用いるカラムの値が大きい順に並べ替えを行います。大きい順に並べる際は、引数**ascending**に**False**を指定します。

円グラフの作成は、**plt.pie**関数の引数**startangle**に**90**を与えると、12時の位置から円グラフの描画が始まります。さらに引数**counterclock**に**False**を与えることで、描画方向を時計回りに変更できます（**リスト5.55**）。

リスト5.55　12時の位置から始まる円グラフの描画例

In

```
sns.set(font="Meiryo")
(…略：リスト5.54のデータ定義と同じ…)
# ソート（今回は最初からソート済み）
sales_dep = sales_dep.sort_values("value", ascending=False)
plt.pie(sales_dep["value"], labels=sales_dep["label"],
        autopct="%1.1f%%", startangle=90, counterclock=False)
plt.show()
```

Out

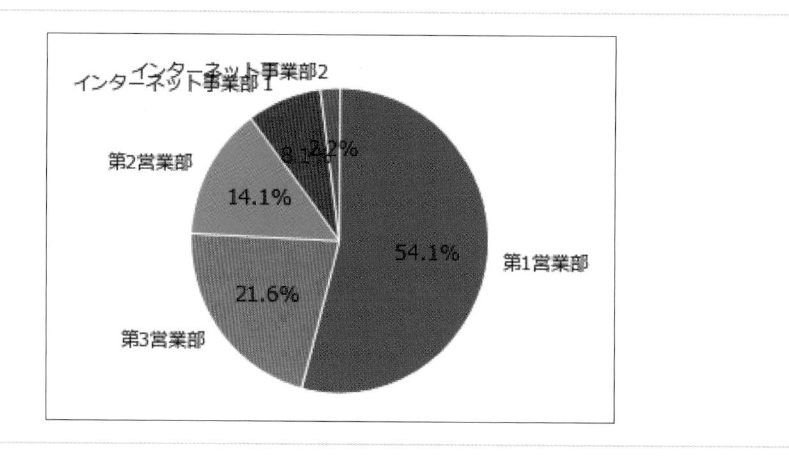

強調したい扇形だけ色を変える

カラムの特定の値の扇形を強調色にして、それ以外の値には無彩色を用いる円グラフを描画します。

まず積み上げ棒グラフで無彩色を指定した時と同様に、複数の無彩色で構成されるカラーパレット**binary**をデフォルトのカラーパレットとします。

次に、このカラーパレットを編集し、強調したい扇形に対応する色を強調色に変更します。ここでは扇形のラベルが「第3営業部」である時のみ、強調色が使われるように変更しました。

カラーパレットの編集ができたら、**plt.pie**関数の引数**colors**に作成したカラーパレットを指定します（**リスト5.56**）。

リスト5.56 強調したい扇形だけ色を変更した描画例

In

```
sns.set(font="Meiryo")
(…略：リスト5.54のデータ定義と同じ…)
# 強調したい扇形のラベル
point_label = "第3営業部"
# 強調色
point_color = "#CC0000"
# 特定のラベルに対する色指定を変更する
palette = sns.color_palette("binary", len(sales_dep))
for i in sales_dep[sales_dep.label == point_label].index.values:
    palette[i] = point_color

plt.pie(sales_dep["value"], labels=sales_dep["label"],
        autopct="%1.1f%%", startangle=90, counterclock=False,
        colors=palette)
plt.show()
```

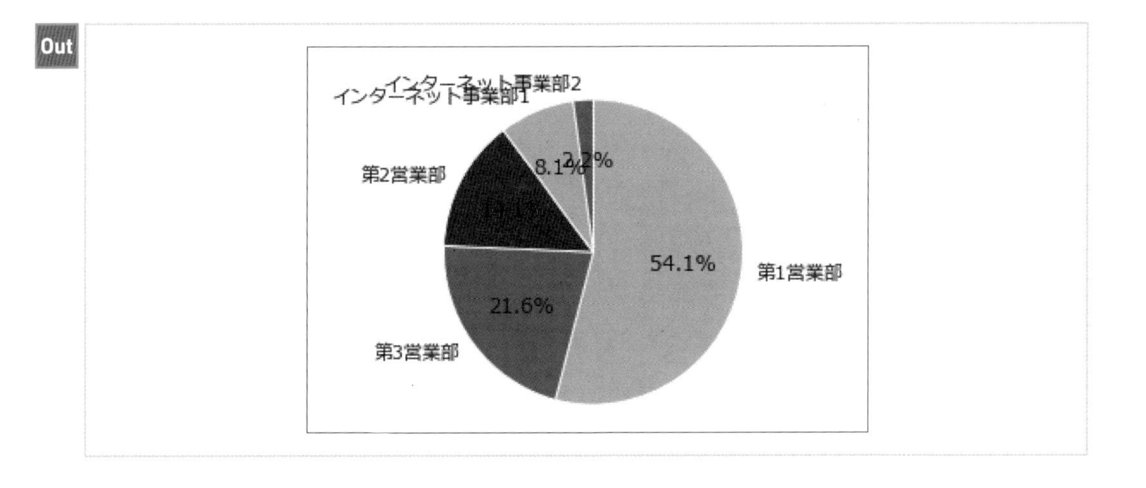

plotlyで円グラフを描画する

plotlyでも簡単に円グラフを描画できます。**go.Pie**関数で円グラフを描画します。引数**ladels**に凡例を、引数**values**に割合を示したいカラムを指定します（**リスト5.57**）。

リスト5.57　plotlyによる円グラフの描画例

```
sales_dep = pd.DataFrame({
    "label": ["第1営業部", "第2営業部", "第3営業部",
              "インターネット事業部1", "インターネット事業部2"],
    "value": [500, 320, 130, 75, 20]})
fig = go.Figure(data=[go.Pie(labels=sales_dep["label"],
                             values=sales_dep["value"])])
fig.show()
```

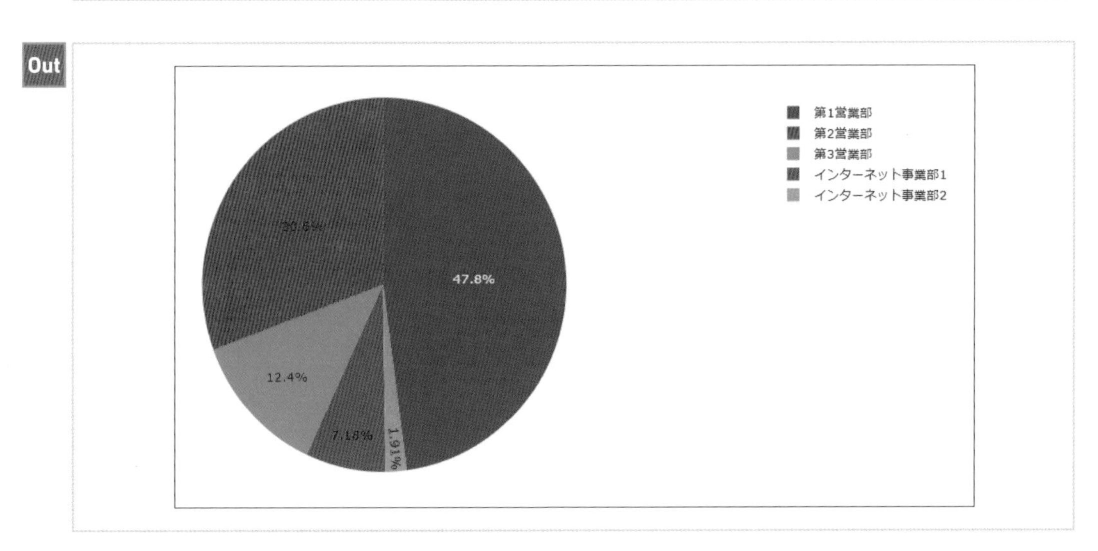

13 ドーナツグラフ

割合を表現する際に円グラフよりも見やすいと考えられているドーナツグラフについて取り扱います。

ドーナツグラフとは

円グラフは構成する扇形の面積の大きさで値の大小を認識させるため、正確な値を読み取りにくい傾向があります。そのような時に便利なのがドーナツグラフです。

ドーナツグラフは、積み上げ棒グラフを円状に変形させたような形をしています。割合を読み取りやすいという円グラフの特徴と、値の大小を比較しやすいという棒グラフの特徴の両方の性質を併せ持っています。そのため、割合を示す際にはドーナツグラフによる表現がよく使われています。

ここで紹介するのは、plotlyによるドーナツグラフの表現方法です。

具体的に見ていきましょう。ドーナツグラフの中心の大きさは引数**hole**に値を指定します。

ドーナツの中央の部分に文字を入れたい場合は、画像の中心に文字がくるように文字を配置します（**リスト5.58**）。

リスト5.58 ドーナツグラフの描画例

In

```
# データ
sales_dep = pd.DataFrame({
    "label": ["第1営業部", "第2営業部", "第3営業部",
              "インターネット事業部1", "インターネット事業部2"],
    "value": [500, 320, 130, 75, 20]})

# Pieグラフ部分
fig = go.Figure(data=[go.Pie(labels=sales_dep["label"],
                             values=sales_dep["value"],
                             hole=0.5)])

# グラフタイトルとドーナツ部分の文字列
fig.update_layout(title_text="部署別売上",
                  annotations=[{
                               "text": "売上構成",
                               "x": 0.5,
                               "y": 0.5,
                               "font_size": 20,
                               "showarrow": False}])
# 表示
fig.show()
```

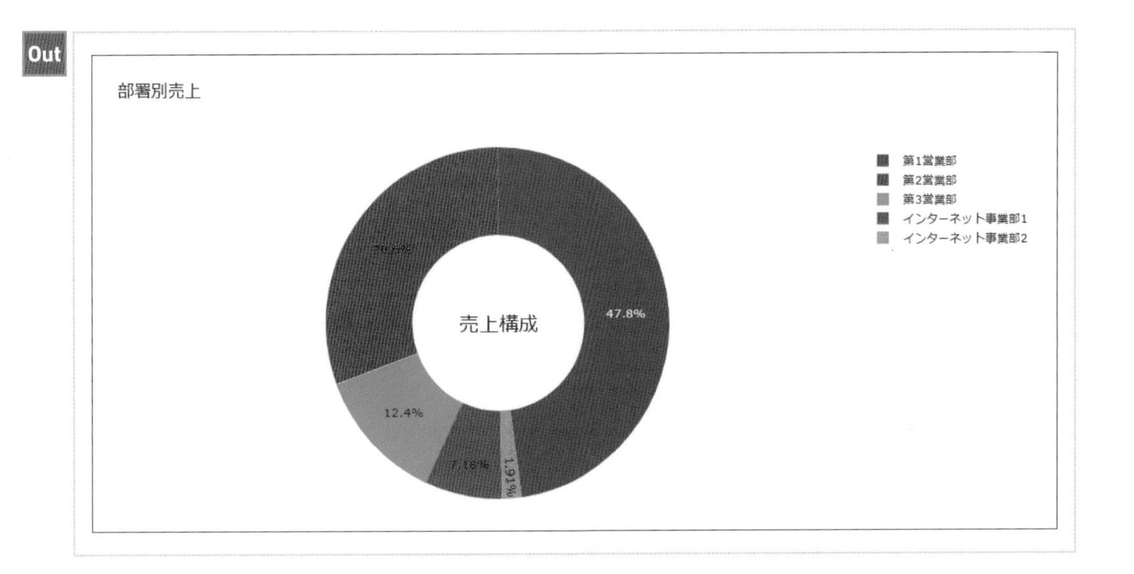
Out
部署別売上
第1営業部
第2営業部
第3営業部
インターネット事業部1
インターネット事業部2
売上構成
47.8%
12.4%
7.16%
1.91%

14 折れ線グラフ

時系列の変化を表現する際によく用いる折れ線グラフについて取り扱います。

折れ線グラフは、時系列の変化を表現する際に最もよく利用されるグラフです。

ここでは日本の各都市の1年分の気象のデータが入力されているweather_sample.csvを使用します。サンプルデータは、翔泳社のサンプルのダウンロードサイトよりダウンロードできます。サンプルデータのCSVファイル「weather_sample.csv」をダウンロードしたら、作業しているJupyter Notebookのノートブックファイルと同じフォルダに配置してください。

まず年月のカラムを日付型でweather_sample.csvを読み込みます。この時、日時を表すdatetime形式として読み込みたいカラム名のリストを、引数**parse_dates**に渡します。この作業を行わない場合、読み込んだデータが折れ線グラフ作成時に時系列データとして認識されない点に注意してください（**リスト5.59**）。

リスト5.59 日本の各都市の平均気温の1年分のデータ

In

```
weather = pd.read_csv("weather_sample.csv", header=0, parse_dates=["年月"])
weather
```

Out

	東京-平均気温(℃)	東京-降水量の合計(mm)	東京-日照時間(時間)	大阪-平均気温(℃)	大阪-降水量の合計(mm)	大阪-日照時間(時間)	那覇-平均気温(℃)	那覇-降水量の合計(mm)	那覇-日照時間(時間)	函館-平均気温(℃)	函館-降水量の合計(mm)	函館-日照時間(時間)
0 2015-01-01	5.8	92.5	182.0	6.1	93.0	123.3	16.6	22.0	90.7	-0.9	43.0	108.2
1 2015-02-01	5.7	62.0	166.9	6.9	25.5	136.8	16.8	47.0	114.1	0.1	52.5	129.4
(…略…)												

折れ線グラフを描画する

折れ線グラフを用いて東京の平均気温を時系列で表示します。

折れ線グラフは**sns.lineplot**関数で作成します。引数**x**に横軸に設定するカラム名を、引数**y**に縦軸に設定するカラム名を指定します（**リスト5.60**）。

リスト5.60 折れ線グラフの描画例①

In

```
sns.set(style="whitegrid", font="meiryo")

# デフォルトでは軸の最小が0にならないためy軸を指定する
plt.ylim([0, 30])

sns.lineplot(data=weather, x="年月", y="東京-平均気温(℃)")
```

Out

```
<matplotlib.axes._subplots.AxesSubplot at 0x2b7198bbb00>
```

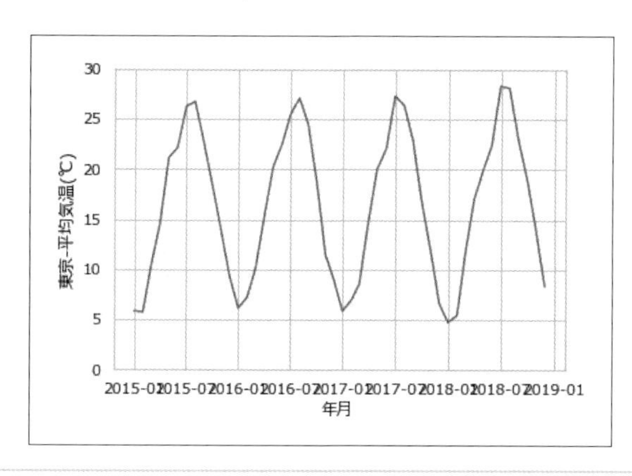

横軸になる文字列が長い場合はデフォルトのままだと横軸の目盛りが重なって見づらいので、**plt.xticks(rotation=90)**で横軸の目盛りを縦にしてみましょう（**リスト5.61**）。

リスト5.61　折れ線グラフのの描画例②

In

```
sns.set(style="whitegrid", font="meiryo")
plt.ylim([0, 30])
sns.lineplot(data=weather, x="年月", y="東京-平均気温(℃)")

# 年月を90度回転させて縦表示にして見えるようにする
plt.xticks(rotation=90)
```

Out

```
(array([735599., 735780., 735964., 736146., 736330., 736511., 736695.,
        736876., 737060.]), <a list of 9 Text xticklabel objects>)
```

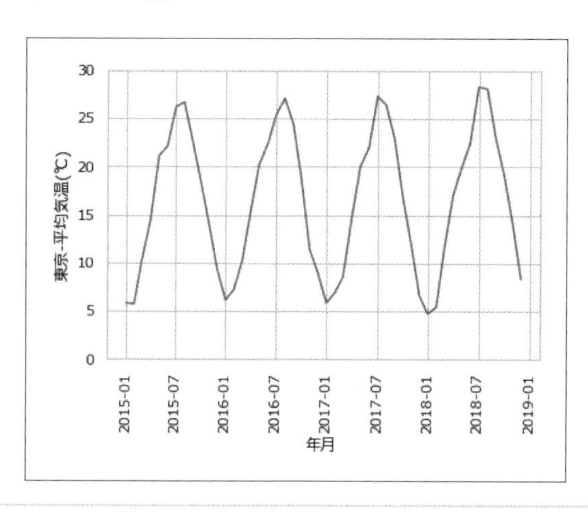

複数の折れ線グラフを1つのグラフ内に描画する

東京、大阪、那覇、函館の折れ線グラフを1つのグラフ内に描画してみましょう。

まずはデータフレームを作成します。weather_sample.csvにおいて、年月カラムは全カラムの中で最初に記述されています。**pd.read_csv**関数でCSVファイルを読み込む時、引数**index_col**に**0**（最初のカラム、つまり年月カラムを表す）を指定することで、日付データである年月カラムをインデックスとしたデータフレームが作成できます。

このデータフレームから、折れ線グラフとして表示したいカラムだけを抽出し、グラフ描画用のデータフレームを作成します（**リスト5.62**）。

リスト5.62　東京、大阪、那覇、函館の平均気温のデータ

In

```
weather_index = pd.read_csv("weather_sample.csv", header=0,
                            parse_dates=["年月"], index_col=0)
tmp_ave = weather_index[["東京-平均気温(℃)", "大阪-平均気温(℃)",
                         "那覇-平均気温(℃)", "函館-平均気温(℃)"]]
tmp_ave
```

Out

年月	東京-平均気温(℃)	大阪-平均気温(℃)	那覇-平均気温(℃)	函館-平均気温(℃)
2015-01-01	5.8	6.1	16.6	-0.9
2015-02-01	5.7	6.9	16.8	0.1
2015-03-01	10.3	10.2	19.0	4.3
2015-04-01	14.5	15.9	22.2	8.3
2015-05-01	21.1	21.5	24.9	13.2
2015-06-01	22.1	22.9	28.7	16.6
(…略…)				
2018-11-01	14.0	14.6	23.1	7.2
2018-12-01	8.3	9.4	20.4	-0.3

ここまでの作業で、年月カラムをインデックスとした各都市の平均気温だけを記録したグラフ描画用のデータセットができたため、**sns.lineplot**関数で描画してみましょう（**リスト5.63**）。描画を実行すると、1つのグラフ内に複数の折れ線グラフが描画されます。

なお、この方法では最大で6つの折れ線グラフまでしか同一領域に描画することができません。多数の折れ線グラフを1つのグラフにまとめると見づらくなってしまうため、比較したい項目が多い場合は、1つの折れ線グラフを別々のグラフとして並べたほうがわかりやすい表現にできます。

リスト5.63　複数の折れ線グラフを1つのグラフ内に描画する例

In

```
# 折れ線グラフを描画
sns.set(style="white", font="meiryo")
ax = sns.lineplot(data=tmp_ave)

# ラベルと凡例を適正にする
plt.xticks(rotation=90)
ax.legend(loc="lower left", bbox_to_anchor=(1, 0))
```

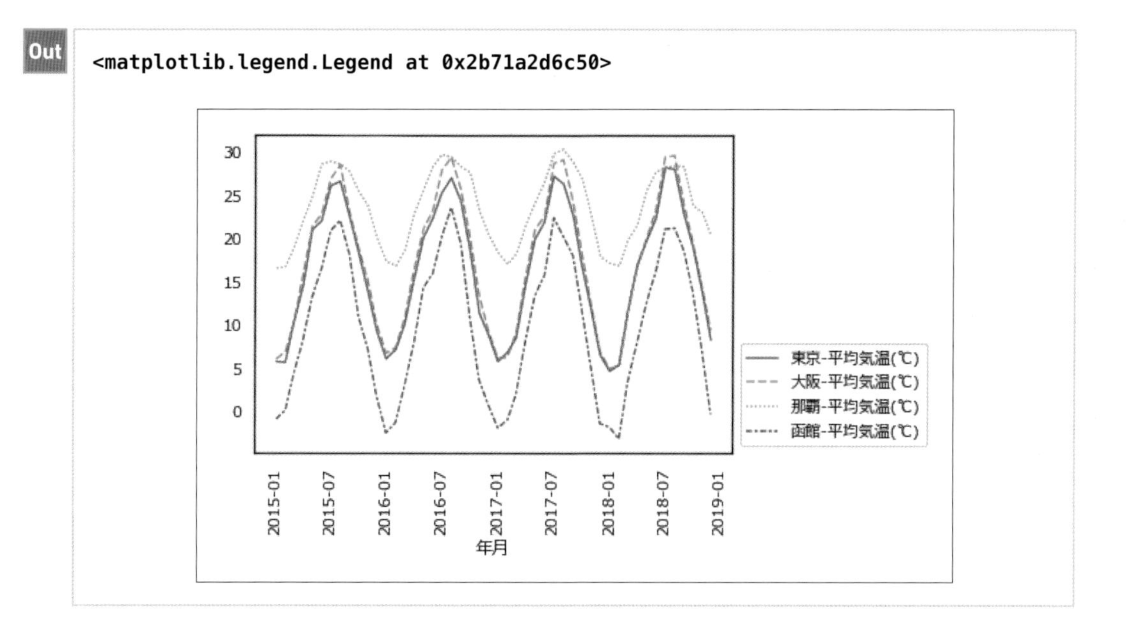

複数の折れ線グラフの線の種類を同じにする

リスト5.63では、折れ線グラフの色だけでなく線の種類も同時に変わっていましたが、色の違いだけで十分な場合は、データの持ち方を変えることで、複数の折れ線グラフを色で区別することができます。

まずはデータの持ち方を、色を変更したい属性が1つのカラムに入力されているように変更します（ここでは**category**）（**リスト5.64**）。

データの保持形式を変更したら、グラフ描画の際の引数**hue**に折れ線グラフで色で分けて見たいカラム名を指定します。

こうすることで、線の種類は同一のまま、色で違いを表現することができます。（**リスト5.64**）

リスト5.64 複数の折れ線グラフの線の種類を同じにする例

In

```
# データの整形
sns.set(style="white", font="meiryo")
tmp_stack = tmp_ave.stack().rename_axis(["年月", "category"]).reset_index()➡
.rename(columns={0: "value"})
print(tmp_stack)

# 折れ線グラフを描画
sns.set(style="white", font="meiryo")
ax = sns.lineplot(data=tmp_stack, x="年月", y="value", hue="category",
                  palette="pastel")
# ラベルと凡例を適正にする
plt.xticks(rotation=90)
ax.legend(loc="lower left", bbox_to_anchor=(1, 0))
```

Out

```
            年月         category    value
  0    2015-01-01   東京-平均気温(℃)     5.8
  1    2015-01-01   大阪-平均気温(℃)     6.1
  2    2015-01-01   那覇-平均気温(℃)    16.6
  3    2015-01-01   函館-平均気温(℃)    -0.9
  4    2015-02-01   東京-平均気温(℃)     5.7
..            ...            ...      ...
187    2018-11-01   函館-平均気温(℃)     7.2
188    2018-12-01   東京-平均気温(℃)     8.3
189    2018-12-01   大阪-平均気温(℃)     9.4
190    2018-12-01   那覇-平均気温(℃)    20.4
191    2018-12-01   函館-平均気温(℃)    -0.3

[192 rows x 3 columns]
```

Out

```
<matplotlib.legend.Legend at 0x2b71a165f28>
```

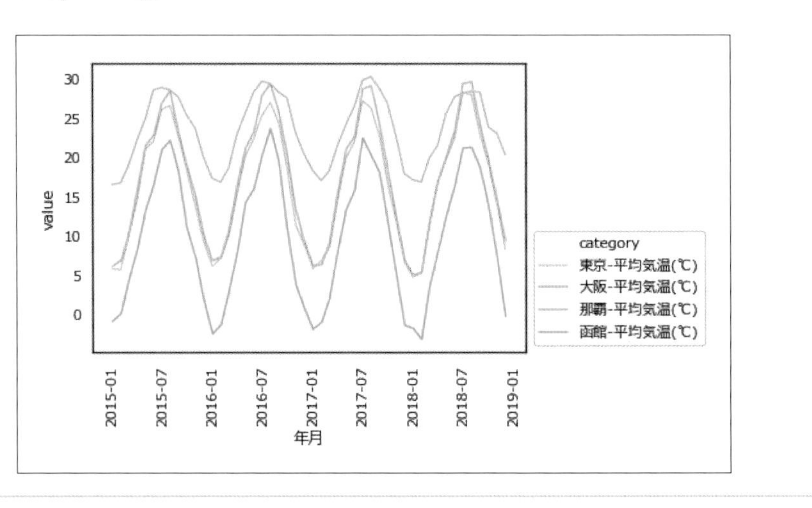

折れ線グラフのうち1つを強調する

例えば、那覇の気温だけを強調し残りの都市の気温は無彩色にしたい場合は、無彩色と強調色のカラーパレットを作成し、それを**sns.lineplot**関数の引数**palette**に与えます（**リスト5.65**）。

リスト5.65 特定の折れ線グラフを強調した描画例

In

```
sns.set(style="white", font="meiryo")
tmp_stack = tmp_ave.stack().rename_axis(["年月", "category"]).reset_index()➡
.rename(columns={0: "value"})
print(tmp_stack)

# カテゴリ数を数える
num_category = len(tmp_stack["category"].unique())
# 色の設定
point_color = "#CC0000"

# 変更したいカテゴリの番号
point_number = 2

# 元になるパレットの作成
palette = sns.color_palette("gray_r", num_category)

# パレットの一部の色を変更する
palette[point_number] = point_color

# 折れ線グラフを描画
ax = sns.lineplot(data=tmp_stack, x="年月", y="value", hue="category",
                  palette=palette)
# ラベルと凡例を適正にする
plt.xticks(rotation=90)
ax.legend(loc="lower left", bbox_to_anchor=(1, 0))
```

Out

```
             年月         category    value
  0    2015-01-01    東京-平均気温(℃)     5.8
  1    2015-01-01    大阪-平均気温(℃)     6.1
  2    2015-01-01    那覇-平均気温(℃)    16.6
  3    2015-01-01    函館-平均気温(℃)    -0.9
  4    2015-02-01    東京-平均気温(℃)     5.7
 ..           ...              ...     ...
187    2018-11-01    函館-平均気温(℃)     7.2
188    2018-12-01    東京-平均気温(℃)     8.3
189    2018-12-01    大阪-平均気温(℃)     9.4
190    2018-12-01    那覇-平均気温(℃)    20.4
191    2018-12-01    函館-平均気温(℃)    -0.3

[192 rows x 3 columns]
```

```
<matplotlib.legend.Legend at 0x2b71a241908>
```

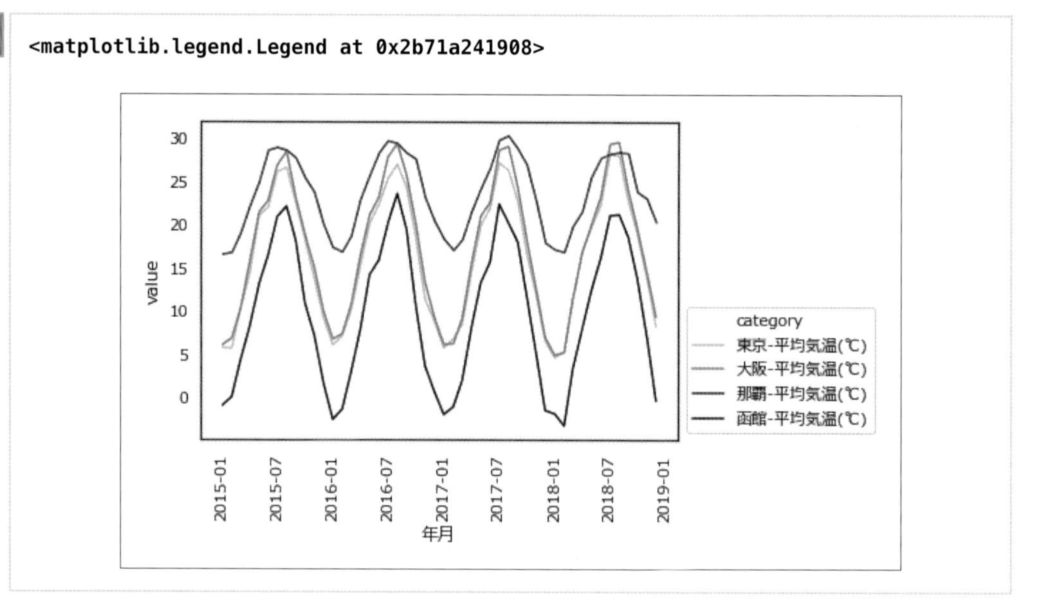

MEMO　tsplot関数による時系列の折れ線グラフ

seaborn のバージョン0.9.0では、**lineplot**関数ではなく**tsplot**関数を用いて時系列データの可視化を行うこともできます。しかし、今後tsplotは使えなくなることが予定されているため、lineplotの利用をおすすめします。

plotlyで折れ線グラフを描画する

plotlyを利用すれば、折れ線グラフも非常に少ないコードで描画できます。またグラフをマウスオーバーした際に各時点の数値が表示されるなど、インタラクティブなデータ表現も可能です。

具体的には**px.line**関数で折れ線グラフを描画できます（**リスト5.66**）。

リスト5.66　plotlyを利用した折れ線グラフの描画例

```
fig = px.line(weather, x="年月", y="東京-平均気温(℃)")
fig.show()
```

Out

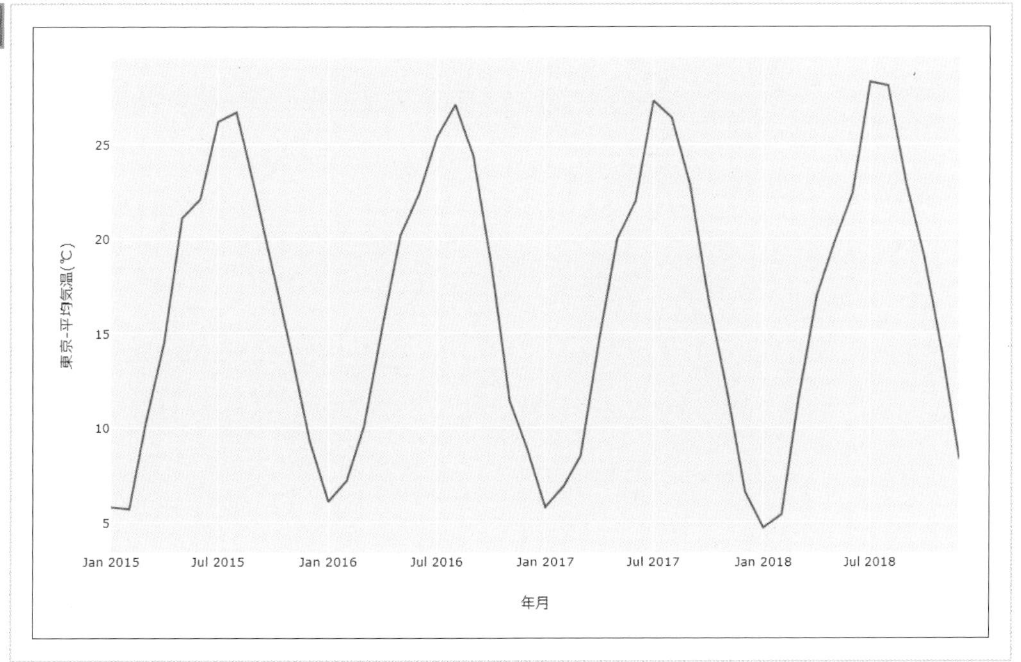

plotlyで複数の折れ線グラフを描画する

plotlyで複数の折れ線グラフを描画する場合、それぞれの折れ線グラフの定義を続けて書き、最後にそれらをまとめて描画します。

ここでは**go.Scatter**関数の引数**mode**に**lines**を指定し、都市ごとにそれぞれの折れ線グラフのデータを作成します。

これら折れ線グラフをまとめて1つのグラフに描画する場合、**go.Figure**関数の引数**data**に各都市の折れ線グラフのデータのリストを指定します（**リスト5.67**）。

リスト5.67　plotlyを利用した複数の折れ線グラフの描画例

In

```
tmp_tokyo = go.Scatter(x=weather["年月"], y=weather["東京-平均気温(℃)"],
                       mode="lines", name="東京")
tmp_osaka = go.Scatter(x=weather["年月"], y=weather["大阪-平均気温(℃)"],
                       mode="lines", name="大阪")
tmp_naha = go.Scatter(x=weather["年月"], y=weather["那覇-平均気温(℃)"],
                      mode="lines", name="那覇")
tmp_hakodate = go.Scatter(x=weather["年月"], y=weather["函館-平均気温(℃)"],
                          mode="lines", name="函館")
# レイアウトの指定
layout = go.Layout(xaxis=dict(title="各都市の平均気温", type="date",
                              dtick="M1"), # dtick:'M1'で1ヶ月ごとにラベルを表示
                   yaxis=dict(title="気温"))
```

```
fig = go.Figure(data=[tmp_tokyo, tmp_osaka, tmp_naha, tmp_hakodate],
                layout=layout)
fig.show()
```

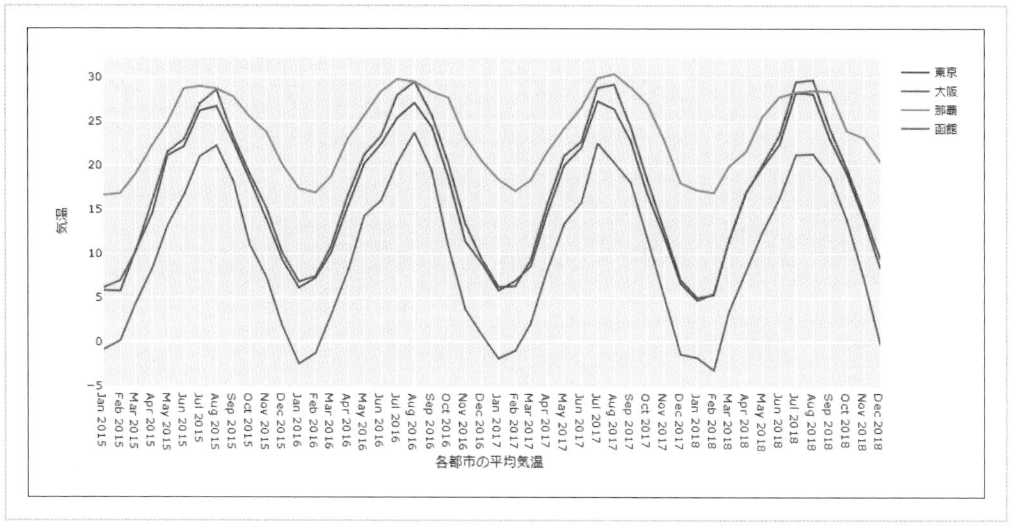

15 ヒートマップ

値の大小で色を変化させるヒートマップについて取り扱います。

ヒートマップとは

ヒートマップは行列の形に並んでいる値の大小に応じて色を変化せるビジュアライゼーション手法です。

ヒートマップはクロス集計後のデータの可視化によく用いられます。また、探索的なデータ分析の段階においては相関行列を作成した後の可視化手法としてもよく用いられています。ここではカフェの商品の月別の販売量を表したcafe.csvを用います。まずはデータの読み込みを行います（**リスト5.68**）。サンプルデータのCSVファイル「cafe.csv」は翔泳社のダウンロードサイトよりダウンロードできます。ダウンロードしたら、作業しているJupyter Notebookのノートブックファイルと同じフォルダに配置してください。

リスト5.68 カフェの商品の月別の販売量のデータ

In

```
# データ読み込みとデータ定義
cafe = pd.read_csv("cafe.csv", header=0, index_col=0)
cafe
```

Out

商品	1月	2月	3月	4月	5月	6月	7月	8月	9月	10月	11月	12月
ホットコーヒー	980	828	823	650	732	653	763	650	791	732	758	996
アイスコーヒー	314	269	419	596	669	672	840	944	903	555	865	318
ホットティー	670	678	500	418	469	471	320	380	420	390	606	558
アイスティー	280	320	430	450	550	580	628	734	494	304	473	280
クッキー	311	332	200	403	350	369	219	328	316	379	434	366
アイスクリーム	150	128	200	284	319	320	650	559	500	265	412	152
プレーンドーナツ	205	278	249	424	372	371	426	269	200	297	427	311
チョコドーナツ	242	296	387	358	335	407	447	449	163	229	354	301
サンドイッチ	124	174	147	184	160	187	149	195	145	156	126	200

次にヒートマップで表現してみましょう

sns.heatmap関数を実行します。ヒートマップを描画できます（**リスト5.69**）。

リスト5.69　ヒートマップの描画例①

In
```
sns.set(font="meiryo")
sns.heatmap(cafe)
```

Out
```
<matplotlib.axes._subplots.AxesSubplot at 0x1d360a02550>
```

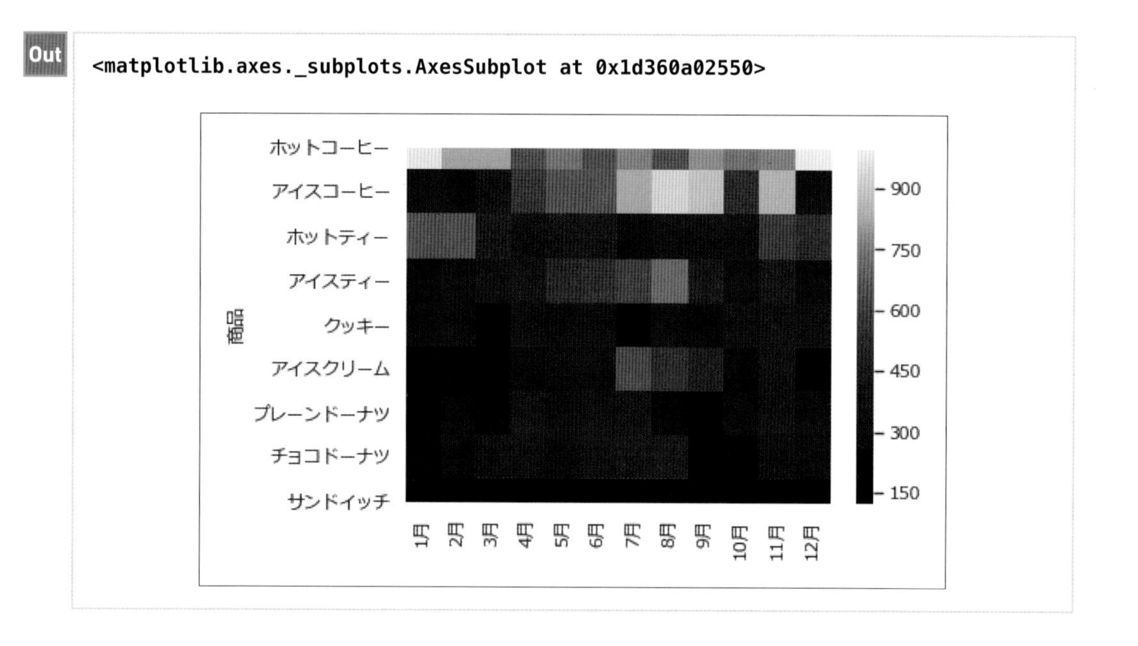

隣接している行列との境界を明確にしたほうがわかりやすい場合は、引数**linewidths**で線の太さを指定します。また、値が明確に知りたい場合には各行列の値を表示することができます。値を表示するには引数**annot**に**True**を指定します（**リスト5.70**）。

リスト5.70　ヒートマップの描画例②

In
```
sns.heatmap(cafe, linewidths=.1, annot=True, fmt="d")
```

Out

```
<matplotlib.axes._subplots.AxesSubplot at 0x1d360a7a438>
```

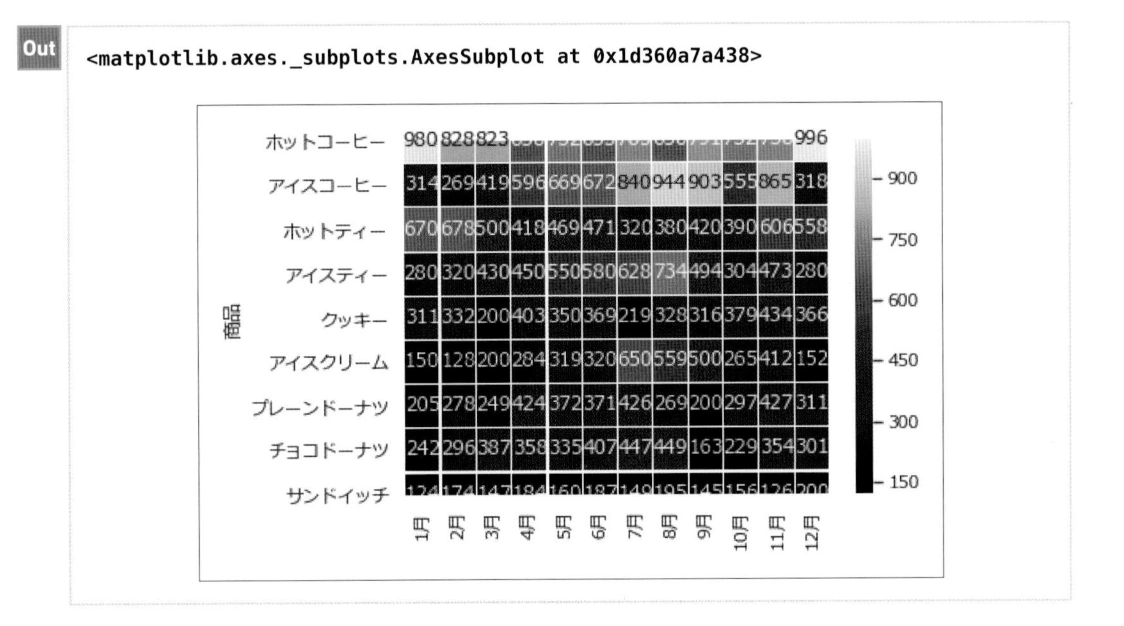

カラーマップを指定することもできます。ここでは、値が大きいほうが赤く、値が小さいほど青くなるカラーマップとして、引数**cmap**に**coolwarm**を指定しました（**リスト5.71**）。

リスト5.71 ヒートマップの描画例③

In

```
sns.heatmap(cafe, linewidths=.5, cmap="coolwarm", fmt="d", annot=True)
```

Out

```
<matplotlib.axes._subplots.AxesSubplot at 0x1d360c19390>
```

16 ウォーターフォールチャート

2時点の変化や、2者の差違を表現する際に用いるウォーターフォールチャートについて取り扱います。

ウォーターフォールチャートとは

ウォーターフォールチャートは、2つの時点間の値の推移の要因とその大きさを表現することによく利用されます。そのため企業の財務状況の変化などを表現するためによく用いられます。

同時点であっても、2者の違いの内訳を比較表現する際にも使用できます。

リスト5.72の例では家計の変化を表現しました。このようにplotlyでは、**go.Waterfall**関数を利用してウォーターフォールチャートを描画できます。

リスト5.72 ウォーターフォールチャートの描画例

In

```
fig = go.Figure(go.Waterfall(
    # 絶対値か差分を指定する
    measure=["absolute", "relative", "relative", "relative", "relative",
             "total"],
    # 項目の定義
    x=["前月末残", "バイト代", "給料", "変動費", "固定費", "今月末残"],
    #ラベルの項目を定義
    textposition = "outside",
    text=["30", "+10", "+50", "-32", "-10", "48"],
    # 数値の定義
    y=[30, 10, 50, -32, -10, 0],
    connector={"line": {"color": "rgb(0, 0, 0)"}}))

fig.update_layout(title="私の口座の動き",
                  showlegend=True )
fig.show()
```

Out

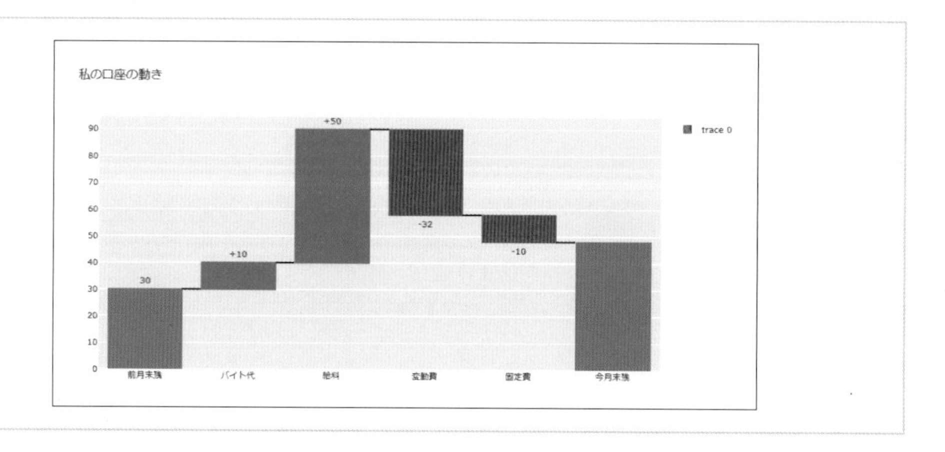

17 ツリーマップ

面積でデータの大小関係を表現する際に用いるツリーマップについて取り扱います。

ツリーマップとは

ツリーマップは面積の割合で値の大小を表現する方法です。ツリーマップは本来、階層構造をしているデータの表現によく用いられます。面積の割合で値の大小関係を表現する手法は、階層構造でないデータに対しても有用であるため、非階層構造のデータに対してもよく用いられます。

Pythonでツリーマップを作成するにはsquarifyとmatplotlibを用いて行います。

ツリーマップで表示したいデータセットを用意できたら**squarify.plot**関数で実行します。

リスト5.73の例では人口を表すカラムである**pop**の値が大きいほど面積が大きくなるように作成しています。引数**label**に国コードが入力されているカラム名**code**を指定することで面にラベルを付けることができます。

リスト5.73 ツリーマップの描画例

In

```
# サイズ調整
sns.set(rc={"figure.figsize": (5, 5),
            "figure.dpi": 400})

# plotlyに含まれる2007年の人口の情報を取得
pop_df = px.data.gapminder().query("year == 2007")

# 人口により降順ソート
pop_df = pop_df.sort_values("pop", ascending=False)

# 上位15件のみを取得
pop_df = pop_df.head(15)

# 人口
pop = list(pop_df["pop"])

# 国コード
code = list(pop_df["iso_alpha"])

# ツリーマップを描画
squarify.plot(pop, label=code,
              color=sns.color_palette("husl", len(pop)))
```

```
# 軸ラベルオフ
plt.axis("off")
plt.show()
```

Out

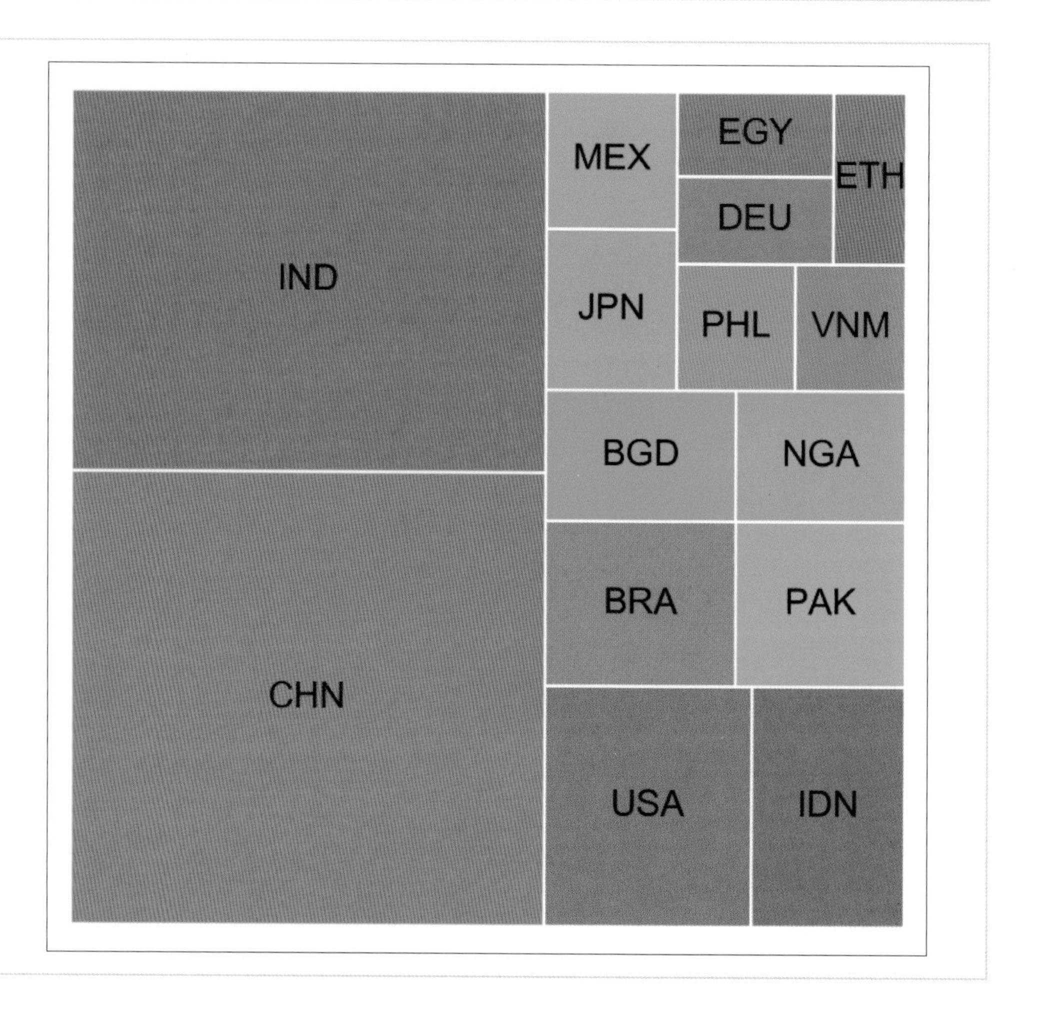

18 サンバーストチャート

階層構造で割合を表現するサンバーストチャートについて取り扱います。

サンバーストチャートとは

サンバーストチャートは階層構造をしたデータを円グラフで表現をする方法で、割合を表現する際に用いられます。階層の異なる区分の割合を一度に表現することができ、同一のレベルの階層間の割合の比較を行うことができます。

サンバーストチャートを描画する

plotlyの**go.Sunburst**関数でサンバーストチャートを描画できます（**リスト5.74**）。階層構造の中で、上位の階層（円グラフの1段下の階層）を引数**parents**に指定します。

リスト5.74 サンバーストチャートの描画例

In

```
# データ定義
org = [
        {"name": "全社", "parent": "", "num": 50},
        {"name": "人事・総務部", "parent": "全社", "num": 10},
        {"name": "営業部", "parent": "全社", "num": 20},
        {"name": "第1営業室", "parent": "営業部", "num": 15},
        {"name": "第2営業室", "parent": "営業部", "num": 5},
        {"name": "開発部", "parent": "全社", "num": 20},
        {"name": "第1開発室", "parent": "開発部", "num": 10},
        {"name": "第2開発室", "parent": "開発部", "num": 7},
        {"name": "相談窓口", "parent": "開発部", "num": 3},
    ]

# グラフ定義
trace = go.Sunburst(labels=[record["name"] for record in org],
                    parents=[record["parent"] for record in org],
                    values=[record["num"] for record in org],
                    branchvalues="total",
                    outsidetextfont={"size": 30, "color": "#82A9DA"},
)

# レイアウト定義
layout = go.Layout(margin=go.layout.Margin(t=0, l=0, r=0, b=0))

# 描画
plotly.offline.iplot(go.Figure([trace], layout))
```

Out

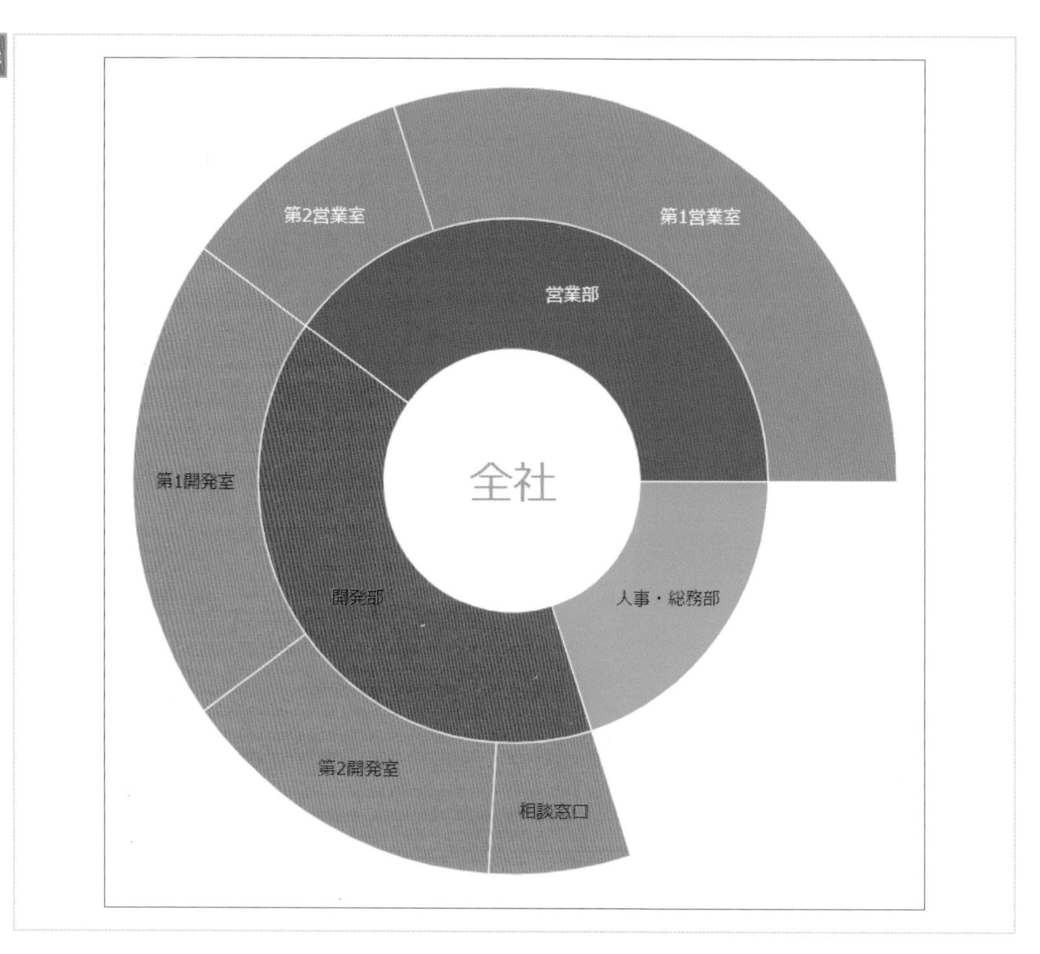

19 レーダーチャート

順序尺度を複数持つデータを表現する際に用いられるレーダーチャートについて取り扱います。

レーダーチャートとは

レーダーチャートは順序尺度を複数含むデータの表現に適しています。例えば5段階評価のアンケートの平均などをレーダーチャートで表すと、どの項目が相対的に良い（悪い）のかを比較することができます。

1つのレーダーチャートを描画する

基本的なレーダーチャートはplotlyで描画することができます。**px.line_polar**関数の引数として、データセット・値が格納されているカラム名・項目名が格納されているカラム名を与えます（**リスト5.75**）。

リスト5.75 1つのレーダーチャートの描画例

In

```
# データ定義
data = [
    {"label": "品質", "value": 5},
    {"label": "価格", "value": 4},
    {"label": "配達", "value": 2.7},
    {"label": "カスタマーサービス", "value": 3.4},
    {"label": "サイトの使いやすさ", "value": 4.3},
    {"label": "写真と実物の一致度", "value": 3.5},
]

df = pd.DataFrame({
    "label": [record["label"] for record in data],
    "value": [record["value"] for record in data],
})

print(df)

# グラフ定義
fig = px.line_polar(df, r="value", theta="label", line_close=True)

# レイアウト定義
fig.update_traces(fill="toself")

# 描画
fig.show()
```

Out

```
            label  value
0              品質    5.0
1              価格    4.0
2              配達    2.7
3  カスタマーサービス    3.4
4  サイトの使いやすさ    4.3
5  写真と実物の一致度    3.5
```

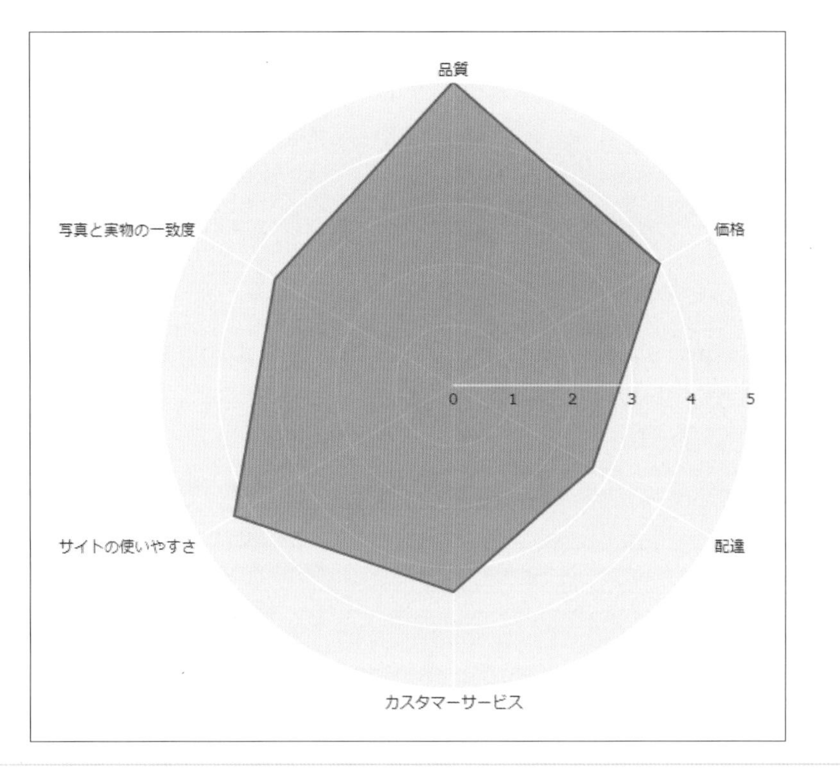

複数のレーダーチャートを重ねて描画する

1つの領域内に複数のレーダーチャートを重ねることで、同一の指標について比較ができるようになります。

リスト5.76のように**px.line_polar**関数を用いて、引数**color**に比較したい対象が入力されたカラム名を指定すると、複数のレーダーチャートを重ねて描画できます。

リスト5.76　複数のレーダーチャートを重ねた描画例

In

```
# データ定義
data = [
    {
        "氏名": "顧客1",
        "品質": 5,
        "価格": 4,
        "配達": 2.7,
        "カスタマーサービス": 3.4,
        "サイトの使いやすさ": 4.3,
        "写真と実物の一致度": 3.5
    },
    {
        "氏名": "顧客2",
        "品質": 4,
        "価格": 3,
        "配達": 4.5,
        "カスタマーサービス": 4.5,
        "サイトの使いやすさ": 1,
        "写真と実物の一致度": 4.5
    }
]

# データフレーム化
df = pd.DataFrame(data).set_index("氏名")
# データフレームを整形
df = df.stack().rename_axis(["氏名", "label"]).reset_index()➡
.rename(columns={0: "value"})

fig = px.line_polar(df, r="value", theta="label", color="氏名", line_close=True)
fig.show()
```

Out

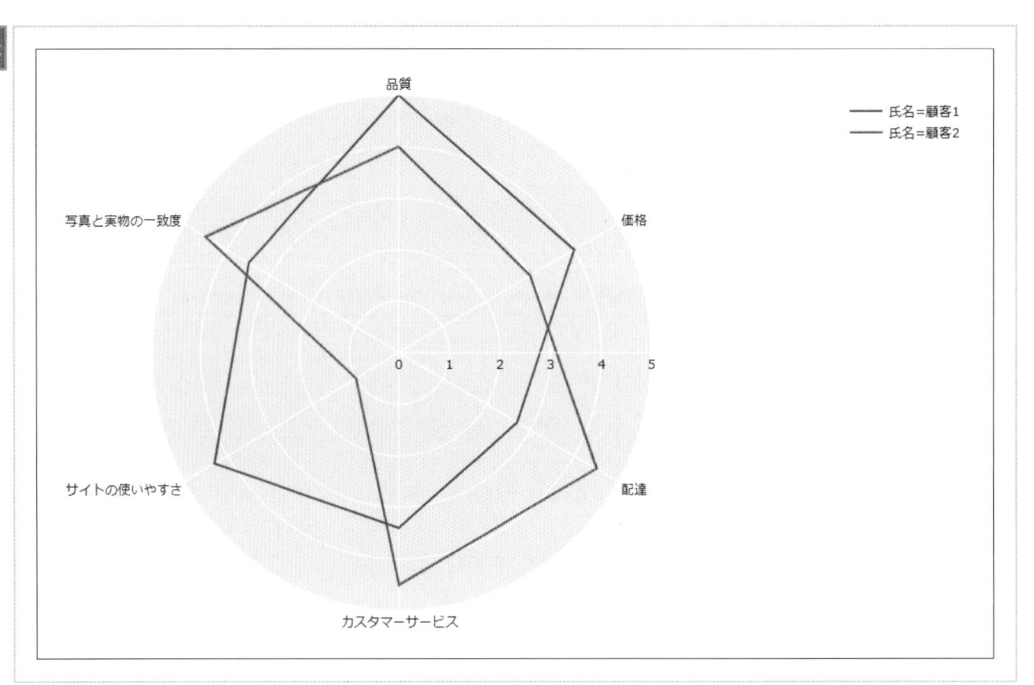

Chapter 6

位置情報のビジュアライゼーション

位置に関する情報のビジュアライゼーション方法について解説します。

01 位置情報のビジュアライゼーション

この章では位置情報のビジュアライゼーションについて取り扱います。

小売業や観光業などを営む企業にとって、店舗や施設の地理的情報は非常に重要なものです。また現在、多くの方がスマートフォンで位置情報を利用したサービスを利用しています。そのため、あらゆる産業において今後位置情報に関するデータの活用はますます盛んになるものと考えられます。

民間企業のみならず、2000年代以降、地方自治体の持つオープンデータに関しても有効な活用方法が求められています。

オープンデータは緯度経度のデータが多く公開されていますが、緯度経度の数値だけでは情報が活用されづらいため、緯度経度をもとに位置の情報を視覚的に表現することで価値のあるデータが多く存在すると考えられます。

地図のビジュアライゼーションの種類

地図のビジュアライゼーションは、点で表現する方法と面で表現する方法、繋がりで表現する方法等があります。

点の表現は明確な一点やその集まりを表し、面は区画で囲われた領域を表し、繋がりは2地点間の関係を表します（**図6.1**）。

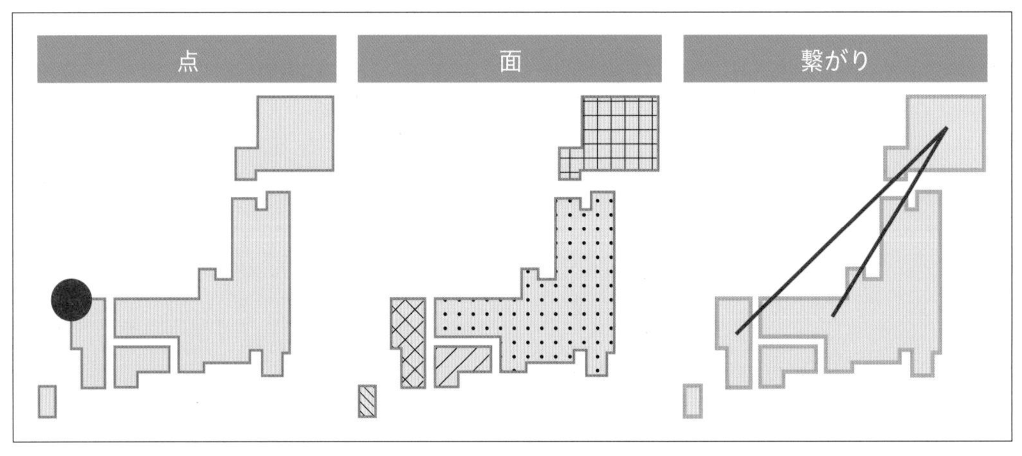

図6.1 点、面、繋がりの例

02 地図情報のビジュアライゼーションに用いるライブラリ

この章で用いる地図情報のビジュアライゼーションに用いるライブラリについて取り扱います。

plotlyとfolium

plotly

第5章の様々なグラフやチャートの作成でも使用したplotlyは世界地図の色塗りを行うことができます。そのため、世界の情報を国別で比較したい場合には用いることができます。

しかし、日本をさらに細かく都道府県などの区切りで見たい場合に区画の情報がないなどの問題点があり、日本の地図情報を表現することには向いていません。

folium

日本を含む地図情報のビジュアライゼーションにはfoliumが適しています。foliumは簡単に区画別に色分けをするコロプレス図の作成や、地図上にマーカーを配置することが簡単にできるライブラリです。

日本地図の色塗りには、日本の都道府県の区画情報が必要です。日本地図の区画のデータをダウンロードできるサイトが執筆時点では見つからなかったため、筆者が区画のデータを作成しました。

- **日本の都道府県の区画情報** URL https://github.com/kokubonatsumi/Japanmap

GitHubに区画のファイルを保存していますのでダウンロードして※1、日本地図の区画情報の可視化の際にご利用ください。上記URLのリポジトリにあるファイル群を実行しているJupyter Notebookファイルと同じフォルダに配置してください。

第6章で用いるライブラリをあらかじめインポートしておきます（**リスト6.1**）。

リスト6.1 ライブラリのインポート

In
```
import plotly.express as px
import folium
import json
import pandas as pd
from branca.colormap import linear
from folium.plugins import HeatMap
```

※1 GitHubのからファイル群をダウンロードするには、「Code」から「Download ZIP」を選択してダウンロードします。ダウンロードした後は解凍ソフトで解凍してください。ここでは「prefs_064」フォルダのファイル群を使用します。

03 世界地図の色分けマップ

世界地図の色塗りをする方法について取り扱います。

本章では、ブラウザはFireFoxで動作するようになっています。本章のコードを実行した際に結果が表示されない場合は、利用しているブラウザを確認してください。

ここではfoliumを使って世界地図の色分けを行います。

世界地図の色分けをするには、世界各国の区画の情報が必要です。以下のWebサイトの世界の区画の情報をダウンロードして使用します。

- **Annotated geo-json geometry files for the world**
  URL https://github.com/johan/world.geo.json

上記URLのリポジトリのファイル群をダウンロードしたら、実行しているJupyter Notebookのファイルと同じフォルダに配置します。

plotlyに含まれる2007年の世界各国の一人当たりGDP別に世界地図の色分けを行います(**リスト6.2**)。

リスト6.2　plotlyに含まれている2007年の世界各国の一人当たりGDPのデータ

In

```
gapminder = px.data.gapminder().query("year == 2007")
gapminder
```

Out

	country	continent	year	lifeExp	pop	gdpPercap	iso_alpha	iso_num
11	Afghanistan	Asia	2007	43.828	31889923	974.580338	AFG	4
23	Albania	Europe	2007	76.423	3600523	5937.029526	ALB	8
35	Algeria	Africa	2007	72.301	33333216	6223.367465	DZA	12
47	Angola	Africa	2007	42.731	12420476	4797.231267	AGO	24
59	Argentina	Americas	2007	75.320	40301927	12779.379640	ARG	32
...	...	...	...	...	...	...	...	...
1655	Vietnam	Asia	2007	74.249	85262356	2441.576404	VNM	704
1667	West Bank and Gaza	Asia	2007	73.422	4018332	3025.349798	PSE	275
1679	Yemen, Rep.	Asia	2007	62.698	22211743	2280.769906	YEM	887
1691	Zambia	Africa	2007	42.384	11746035	1271.211593	ZMB	894
1703	Zimbabwe	Africa	2007	43.487	12311143	469.709298	ZWE	716

142 rows × 8 columns

世界地図の色分けのビジュアライゼーションは、foliumを用いて行います(**リスト6.3**)。元となる地図は**folium.Map**関数で指定します。

folium.Choropleth関数で、区画のビジュアライゼーションの情報を定義します。

世界地図の区画情報は先ほどダウンロードしたcountries.geo.jsonファイルを使用します。

引数**data**にはビジュアライゼーションに用いるデータを、引数**columns**に色分けの元になるカラムを指定します。

引数**key_on**にはcountries.geo.jsonファイルで区画の情報を示している情報を指定します。引数**fill_color**には地図を塗り分ける色のカラーパレットを指定します。

リスト6.3　世界各国の一人当たりGDPの値によって色分けした例

In

```
base_map = folium.Map(location=[50, 0],zoom_start=1.8)

# Choropleth追加
folium.Choropleth(
    geo_data=json.load(open("countries.geo.json","r")),
    data=gapminder,
    fill_opacity=1,
    line_color = "black",
    nan_fill_color="#888888",
    columns = ["iso_alpha", "gdpPercap"],
    key_on = "feature.id",
    fill_color = "PuRd",
).add_to(base_map)

base_map
```

- data=gapminder → 用いるデータ
- fill_opacity=1 → 塗りつぶしの透明度
- line_color → 境界線の色
- nan_fill_color → 欠損の塗りつぶしの色
- columns → 色塗りに使うキーとカラム名
- key_on → データに対応したgeo.jsonのキー
- fill_color → 色塗りのカラーマップ

Out

278　8,457　16,637　24,817　32,997　41,177　49,357

Leaflet | Data by © OpenStreetMap, under ODbL.

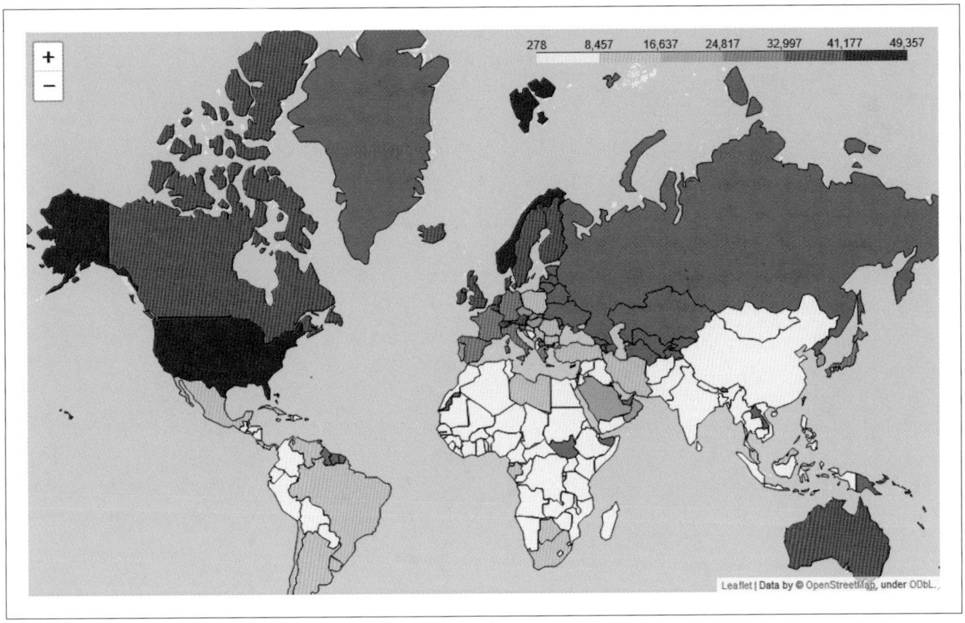

MEMO　地球儀を作る

plotly特有の動的な可視化を活かすことのできるサンプルとして、地球儀上に情報を載せる方法を紹介します。

リスト6.4のコードを実行すると、地図の形を地球儀にすることができ、マウスで地球儀をぐるぐると回すことができます。

紙にプリントアウトした場合には、どうしても地球の裏側の情報が隠れてしまうので、利用される場面は限定されますが、PC上で遊ぶと楽しいビジュアライゼーションのサンプルです。

リスト6.4　地図データを地球儀上に描画したサンプル

In

```
gapminder = px.data.gapminder().query("year == 2007")
fig = px.scatter_geo(gapminder, locations="iso_alpha", color="continent",
                     hover_name="country", size="pop",
                     projection="orthographic")
fig.show()
```

Out

continent=Asia
continent=Europe
continent=Africa
continent=Americas
continent=Oceania

04 日本地図の色分けマップ

日本地図の色分けについて取り扱います。

日本に住む私たちは、日本の地図上の情報を表現する場面が多いのではないかと考えられます。

ここでは日本地図上に情報を表現する方法を紹介します。

都道府県別の情報

ここでは日本を都道府県単位で区切りビジュアライゼーションを行う方法を説明します。

色分けは区画情報を元に行うため、都道府県別に色分けしたい場合は都道府県の区画情報が必要です。

まず**folium.Map**関数でベースとなる地図を定義します。次に**folium.Choropleth**関数でコロプレス図の定義をします（**リスト6.5**）。Githubで公開している日本の区画情報のうち「prefs_064」フォルダに含まれているファイル（**Japan.geojson**）を使用します。

リスト6.5　都道府県の区画情報を描画した例

In

```
# ベースマップ定義
base_map = folium.Map(location=[35.655616, 139.338853], zoom_start=5.0)
# Choropleth追加
folium.Choropleth(geo_data=json.load(open("prefs_064/Japan.geojson", "r")),
                  fill_color="red",        # 塗りつぶしの色
                  fill_opacity=0.3,        # 塗りつぶしの透過
                  line_color="black",      # 境界線の色
                  line_weight=1            # 境界線の太さ
).add_to(base_map)
base_map
```

Out

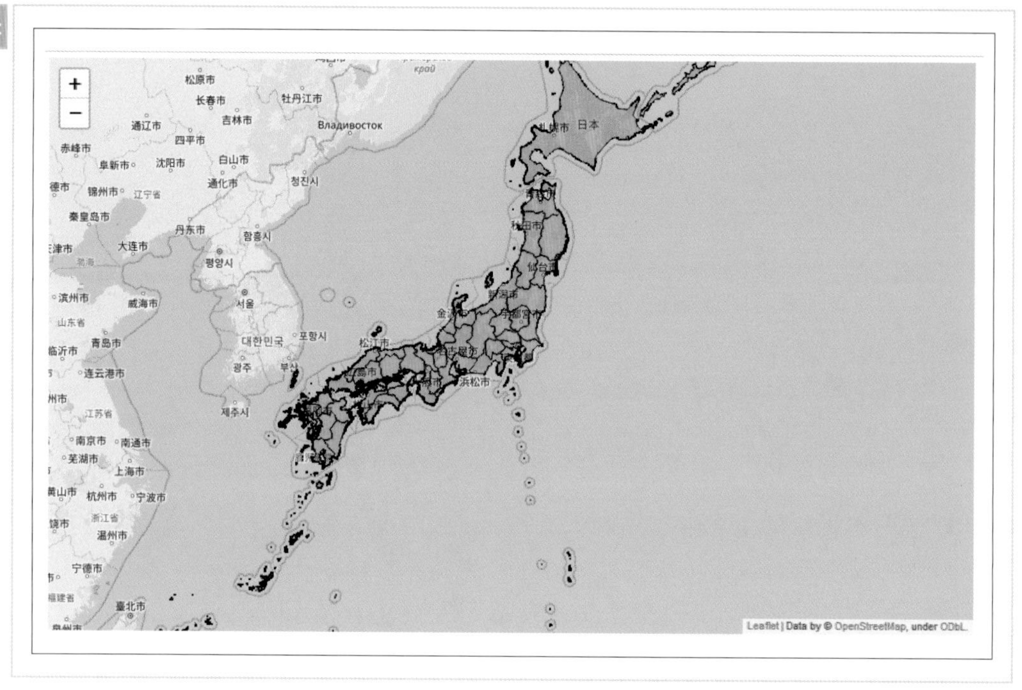
+
−
松原市
长春市
牡丹江市
吉林市
Владивосток
通辽市
四平市
赤峰市
阜新市
沈阳市
白山市
锦州市
辽宁省
通化市
청진시
秦皇岛市
丹东市
함흥시
大连市
평양시
滨州市
威海市
서울
山东省
青岛市
대한민국
포항시
松江市
临沂市
连云港市
광주
제주시
江苏省
南京市
南通市
芜湖市
上海市
杭州市
宁波市
浙江省
温州市
宁德市
福建省
臺北市
日本
浜松市
Leaflet | Data by © OpenStreetMap, under ODbL.

05 都道府県別の色分けマップ

日本地図を都道府県の区画でデータの値に応じた色分けを行う方法を取り扱います。

都道府県ごとの値によって塗り分けの色を変えるためには、都道府県別に値の入ったファイルを読み込み、データフレームにします。

都道府県ごとに値の入ったファイルは翔泳社のダウンロードサイトよりサンプルのCSVファイル「japan_pop.csv」をダウンロードできます。ダウンロードしたら実行しているJupyter Notebookのノートブックファイルと同じフォルダに配置してください。

foliumで地図情報を扱う時は必ず**folium.Map**関数でベースとなる地図を呼び出します。**folium.Choropleth**関数の引数**data**に読み込んだデータフレームを指定します（**リスト6.6**）。

リスト6.6 都道府県をデータフレームの値によって色分けした例

In

```
# データ読み込み
df = pd.read_csv("japan_pop.csv")
# ベースマップ定義
base_map = folium.Map(location=[35.655616, 139.338853], zoom_start=5.0)
# Choropleth追加
folium.Choropleth(geo_data=json.load(open("prefs_064/Japan.geojson", "r")),
                  data=df,                                  都道府県別の値の入ったデータ
                  columns=["name", "value"],                色塗りに使うキーとカラム名
                  key_on="feature.properties.name",         geojsonでの区画のキー
                  fill_color='PuRd'                         色塗りのカラーマップ
).add_to(base_map)
base_map
```

Out

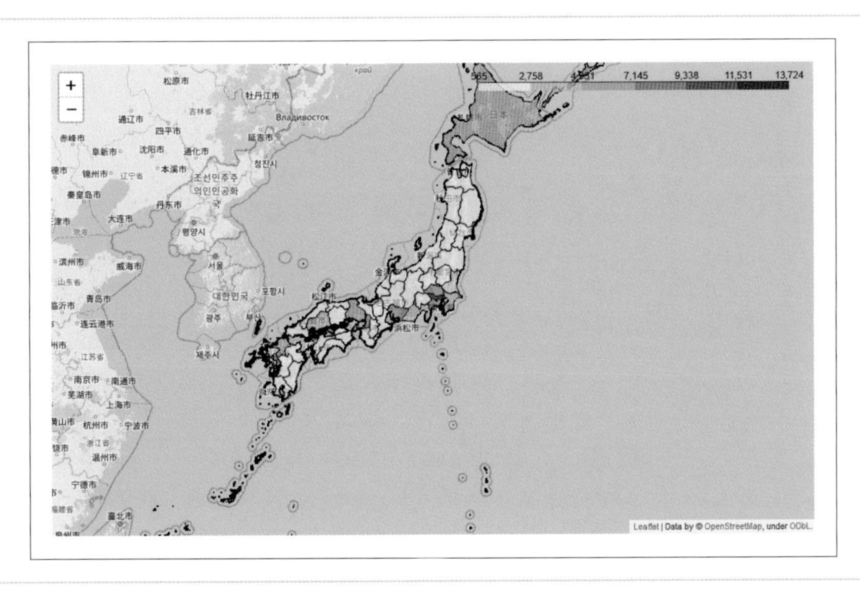

06 地図のポイント情報を表示する

地図情報の点の情報を表現する方法について取り扱います。

緯度経度を元に1つ、もしくは複数の位置の情報を地図上に表現する方法です。

1地点にマーカーを描画する

地図上に1つの点をプロットする方法です。自社の位置や物流拠点など、ポイントで指定したい時に用います。

地図上にマーカーを表示するには**folium.Marker**関数を使用します。引数**location**に緯度経度を指定します。**add_to**関数で**map**にマーカーを追加します（**リスト6.7**）。

リスト6.7　地図上の1つの点にマーカーを描画する例

In

```
map = folium.Map(location=[35.702083, 139.745023], zoom_start=13)
# プロット
folium.Marker(location= [35.685175,139.7528]).add_to(map)
map
```

Out

地図の種類

folium.Map関数の引数**tiles**で地図の種類を指定することにより、地図のベースの画像の種類を変更することができます。

指定できる地図の種類はいくつかあり、**cartodbpositron**や**Stamen Toner**はシンプルな地図で細かい地理情報が不要な場合に向いています。デフォルトの地図ほど細かな情報が必要ではない場合はシンプルな地図を指定することですっきりとした見た目になります（**リスト6.8**、**6.9**）。

引数**zoom_start**は地図の拡大レベルを表しており、小さな数値を与えるほど広範囲の地図を、大きな数値を与えるほど狭い範囲の地図を描画します。

リスト6.8　ベースの地図をcartodbpositronとした場合の描画例

In
```
map = folium.Map(location=[35.702083, 139.745023],
                 tiles="cartodbpositron", zoom_start=10)
# プロット
folium.Marker(location=[35.685175, 139.7528]).add_to(map)
map
```

Out

リスト6.9　ベースの地図をStamen Tonerとした場合の描画例

In

```
map = folium.Map(location=[35.702083, 139.745023],
                 tiles="Stamen Toner", zoom_start=10)
# プロット
folium.Marker(location=[35.685175, 139.7528]).add_to(map)
map
```

Out

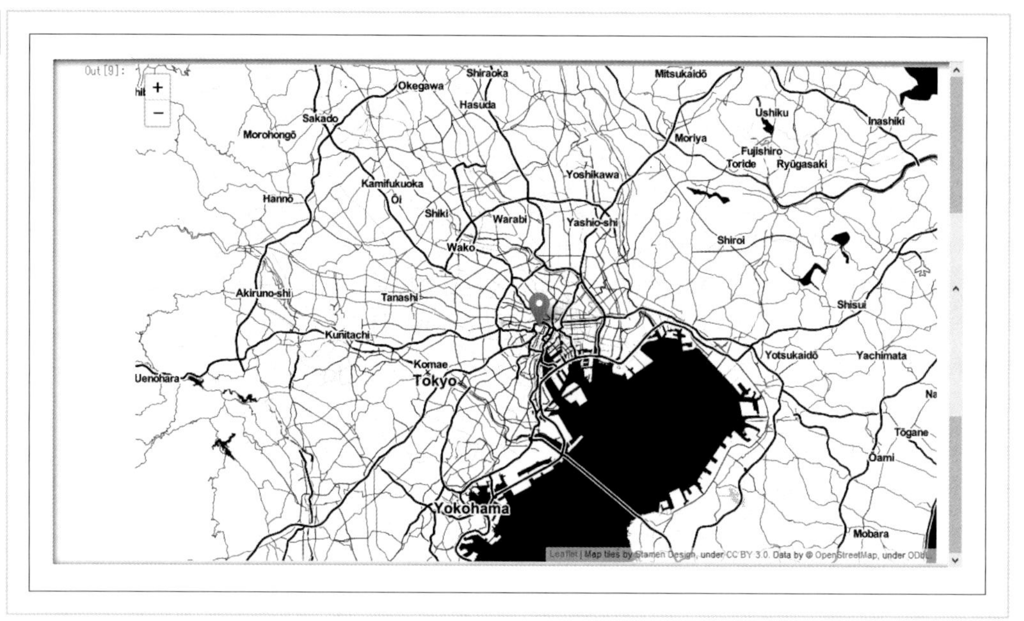

1つの地図に複数のマーカーを描画する

例えば、店舗が複数ある場合などは、複数の地点の情報を1つの地図上に描画することが必要になります。

引数**location**に与える緯度経度情報を変えて**folium.Marker**関数を複数回使用することで、複数のマーカーを描画することができます。

ここでは、2つの地点をプロットする例を記載します（**リスト6.10**）。

リスト6.10　2地点にマーカーを描画する例

In

```
map = folium.Map(location=[35.702083, 139.745023], tiles="cartodbpositron",➡
zoom_start=13)
# プロット
folium.Marker(location=[35.685175, 139.7528]).add_to(map) ●── 1つ目の緯度経度
folium.Marker(location=[35.699861, 139.763889]).add_to(map) ●── 2つ目の緯度経度
map
```

07 地図上に異なる大きさの円を描画する

地図上に円を表示する方法について取り扱います。

前節で解説したマーカーの例では、点で情報を表現しましたが、その点が数量の情報を持っている場合は円で表示することで位置と数量の両方の情報を表現することができます。

例えば店舗の販売量によって円の大きさを変えることで、店舗の位置と販売量の大きさを同時に示すことができます。

ここでは駅の中に店舗を有する場合の、店舗の位置と販売量（**amount**）がそれぞれ異なった場合の表現方法について例示します。

まずは店舗の緯度経度と数量を持つデータを用意します（**リスト6.11**）。データが用意できたら**folium.Circle**関数で地図上に円を描くコードを実行します。引数**lotaion**に緯度経度を、引数**radius**に円の大きさを指定します（**リスト6.12**）。

リスト6.11 データ定義

In

```
stations = [
    {
        "name": "Shinjuku", "lat": 35.690921, "lon": 139.700257,
        "amount": 778618,
    },
    {
        "name": "Ikebukuro", "lat": 35.728926, "lon": 139.71038,
        "amount": 566516,
    },
    {
        "name": "Tokyo", "lat": 35.681382, "lon": 139.766083,
        "amount": 452549,
    },
    {
        "name": "Yurakucho", "lat": 35.675069, "lon": 139.763328,
        "amount": 169943,
    },
    {
        "name": "Kanda", "lat": 35.69169, "lon": 139.770883,
        "amount": 103940,
    },
    {
```

```
        "name": "Bakurocho", "lat": 35.693361, "lon": 139.782389,
        "amount": 25784,
    },
    {
        "name": "Etchujima", "lat": 35.667944, "lon": 139.792694,
        "amount": 5502,
    }
]

stations_df = pd.DataFrame(stations)
stations_df
```

Out

	name	lat	lon	amount
0	Shinjuku	35.690921	139.700257	778618
1	Ikebukuro	35.728926	139.710380	566516
2	Tokyo	35.681382	139.766083	452549
3	Yurakucho	35.675069	139.763328	169943
4	Kanda	35.691690	139.770883	103940
5	Bakurocho	35.693361	139.782389	25784
6	Etchujima	35.667944	139.792694	5502

リスト6.12　地図上に円を描画する例

In

```
# 販売量が最も少ない駅の販売量を基準値とする
base_amount = min(stations_df["amount"])

# 円の大きさの倍率
scale = 10

# 地図の定義
map = folium.Map(location=[35.702083, 139.745023], zoom_start=11)

# 販売量を円の大きさで表す
for index, row in stations_df.iterrows():
    location = (row["lat"], row["lon"])  # 座標
    radius = scale * (row["amount"] / base_amount)  # 円の大きさ
    # 円を地図に追加
    folium.Circle(location=location,        ← 地点の緯度経度
                  radius=radius,            ← 円の大きさ
                  color="darkblue",         ← 円の色
                  fill_color="darkblue",    ← 円内の色
                  popup=row["name"]         ← マウスオーバー時の表示項目
    ).add_to(map)
map
```

Out

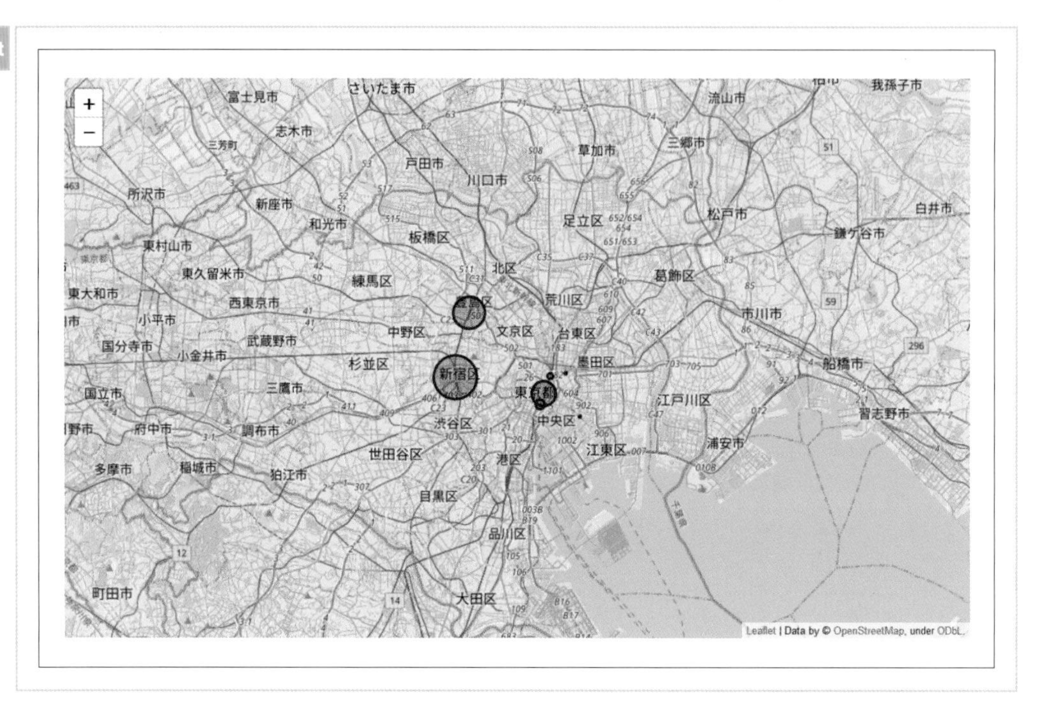

さいたま市
富士見市
我孫子市
流山市
志木市
三芳町
戸田市
草加市
三郷市
川口市
所沢市
新座市
和光市
足立区
松戸市
白井市
板橋区
鎌ケ谷市
東村山市
東久留米市
北区
葛飾区
練馬区
東大和市
西東京市
荒川区
市川市
小平市
中野区
文京区
台東区
国分寺市
武蔵野市
小金井市
杉並区
新宿区
墨田区
船橋市
国立市
三鷹市
東京都
江戸川区
習志野市
府中市
調布市
渋谷区
中央区
浦安市
世田谷区
江東区
多摩市
稲城市
狛江市
港区
目黒区
品川区
町田市
大田区
Leaflet | Data by © OpenStreetMap, under ODbL.

08 地図上にヒートマップを描画する

地図上にヒートマップを表現する方法を取り扱います。

地図のヒートマップとは、地図上に色で数値の大小を表現する時に用いるビジュアライゼーション手法です。

地理的に連続して繋がっているため同一の属性である情報などを表現する際には、数地点で情報を観測してヒートマップとして表現されることがあります。

位置のデータは前節のデータを用います。ヒートマップは**HeatMap**関数で定義します。引数**radius**は半径のピクセルの大きさを表します（**リスト6.13**）。

リスト6.13　地図上にヒートマップを描画する例

In

```
# 地図の定義
map = folium.Map(location=[35.681382, 139.766083],
                 tiles="cartodbpositron", zoom_start=11)

# 緯度経度情報からヒートマップを描画し地図に追加
map.add_child(HeatMap(stations_df[["lat", "lon"]], radius=70))
map
```

Out

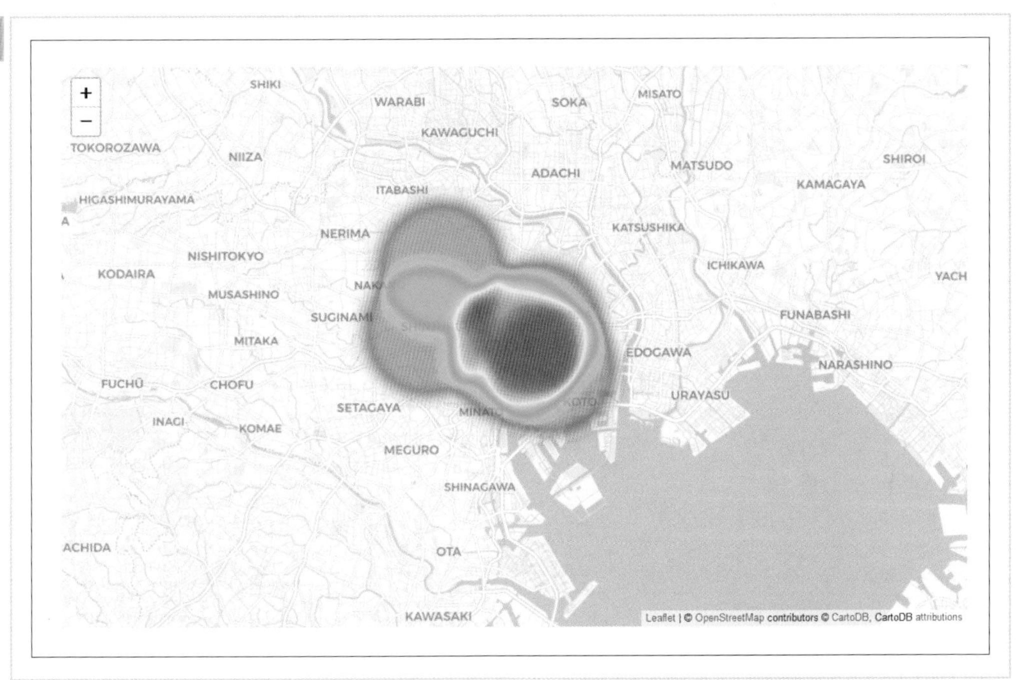

09 マーカーのアイコンを変更する

地図上に点情報を表現する際に用いるマーカーのアイコンを変更する場合について取り扱います。

位置のポイント情報のビジュアライゼーションで**folium.Marker**関数を実行するとデフォルトのマーカーが使用されますが、プロットするマーカーの種類は限られています。

マーカーの画像を変更したい場合は、地図上に画像を配置するという、やや複雑な構造になります。ここではATMのマーカーの画像（ATM_icon.png）を配置します。

本書ではICOOON MONO（URL https://icooon-mono.com/）からATMのアイコンをダウンロードして使用しています（MEMO参照）

このほか、別の画像にはなりますがATMを表すアイコンは翔泳社のダウンロードサイトよりダウンロードできますので、そちらの画像を用いても実行できます。

ダウンロードしたアイコンは、「ATM_icon.png」というファイル名でJupyter Notebookのノートブックファイルと同じフォルダに配置してください。

画像を地図上に配置したい場合は、1層目の地図のレイヤー上に2層目のレイヤーの画像を載せます。まずは**folium.Map**関数でベースとなる地図を定義します。その上に画像のレイヤーを配置することになるため**map.add_child(folium.raster_layers.ImageOverlay**関数を実行します（**リスト6.14**）。

リスト6.14 地図上に表示するマーカーの画像を指定する

In

```
# マーカーの画像ファイルの設定
MARKER_IMG = "ATM_icon.png"
# マーカーの透明度
OPACITY = 1
# データ定義
stations = [
    {"name": "Shinjuku", "lat": 35.690921, "lon": 139.700257},
    {"name": "Ikebukuro", "lat": 35.728926, "lon": 139.71038},
    {"name": "Tokyo", "lat": 35.681382, "lon": 139.766083}
]

# データフレームに変換
df = pd.DataFrame({"name": [x["name"] for x in stations],
                   "lat": [x["lat"] for x in stations],
                   "lon": [x["lon"] for x in stations]})

# 地図の定義
map = folium.Map(location=[35.702083, 139.745023], zoom_start=13)
```

```
# 図の描画
dx = 0.005
dy = 0.005
for index, row in df.iterrows():
    bounds = [[row["lat"] - dx, row["lon"] - dy],
              [row["lat"] + dx, row["lon"] + dy]]
map.add_child(folium.raster_layers.ImageOverlay(MARKER_IMG, opacity=OPACITY,
                                                bounds=bounds))
map
```

Out

MEMO　「ICOOON MONO」からダウンロードするATMのアイコンについて

「ICOOON MONO」(https://icooon-mono.com/) から「地図マーカー風のATMアイコン2」で検索して表示されるATMアイコンの画像をPNG形式でダウンロードします。ダウンロードした画像の色、サイズ、名前を変更します。
まず色を「黒」から「赤」に変更します。Windowsの「ペイント」で画像を開き、リボンから「塗つぶし」を選択します。「色」として「赤」を選択し、画像の黒い部分をクリックして「赤」に変更します。
次にサイズを変更します。リボンから「サイズ変更と傾斜」をクリックして、「サイズ変更と傾斜」ダイアログで、「単位」を「ピクセル」、「水平方向」を「64」、垂直方向を「64」に変更して、「OK」をクリックします。
最後にファイル名を変更します。メニューから「ファイル」→「名前を付けて保存」を選択して、「ATM_icon.png」として保存します。

10 2地点間を線で繋ぐ

地図上で2地点間を繋ぐ線情報を表現する方法を取り扱います。

2地点間を線で繋ぐ意味

地図上で2地点間を繋いだ表現は、2地点間に関係性があることを表しています。

例えば、その地点間で人や物、情報の流れがあることを表現します。

また、2地点間を繋ぐ線を太くすることで、物などの流れる量の大小を表現することができます。

2地点間に線を引く

folium.PolyLine関数で引数**locations**に線分の始点と終点の緯度経度を与えると、地図上の2地点間を線で結んだビジュアライゼーションを行うことができます（**リスト6.15**）。

リスト6.15　2地点間に線を引く

In

```
map = folium.Map(location=[36, 137.59], zoom_start=5)

# 地図上に線を追加
folium.PolyLine(
    locations=[
        [35.54732, 139.7726452],
        [34.7863123, 135.4355808]
    ]
).add_to(map)

# 表示
map
```

Out

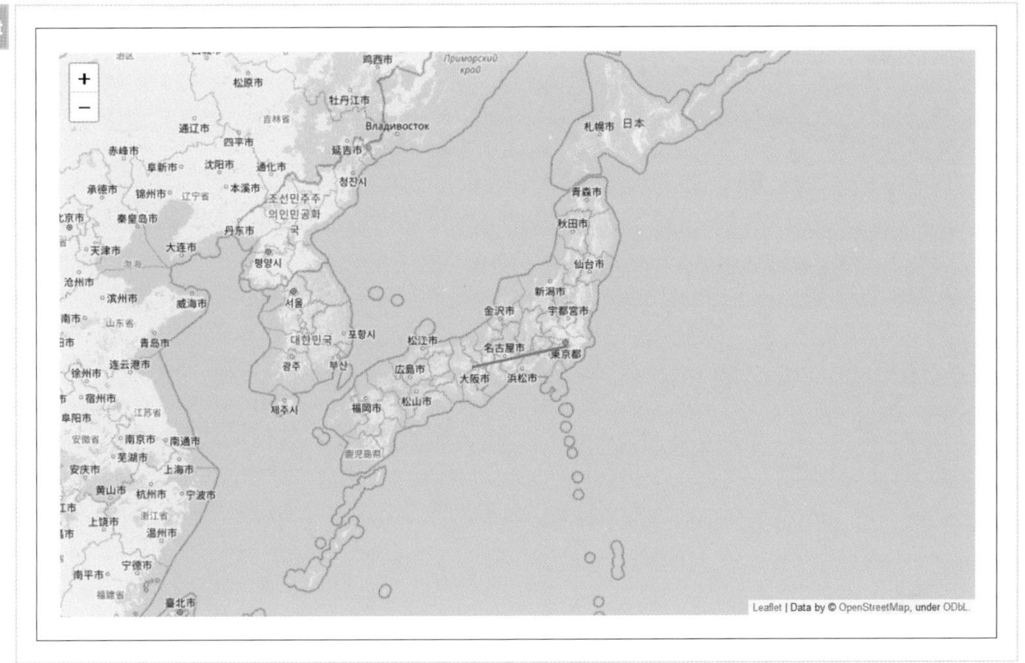

複数の地点間の線を引く

1つの線を描いた時と同様に、**folium.PolyLine**関数を用いて複数の地点間を結ぶ線を描くことができます。

folium.PolyLine関数の引数**locations**で始点と終点の位置情報を、引数**weight**で線の太さを変える値を指定することで、2地点間を結ぶ異なる太さの線を複数引くことができます（**リスト6.16**）。より太い線にしたい場合は、大きな値を設定します。

リスト6.16　複数の地点間の線を引く例

In

```
# 始点, 終点, 太さを定義
lines = [
    {
        "from": [35.54732, 139.7726452],   # 1つ目の始点の緯度経度
        "to": [34.7863123, 135.4355808],   # 1つ目の終点の緯度経度
        "weight": 5                        # 線の太さ
    },
    {
        "from": [35.54732, 139.7726452],   # 2つ目の始点の緯度経度
        "to": [26.231408, 127.685525],     # 2つ目の終点の緯度経度
        "weight": 2                        # 線の太さ
    }
]
```

```
# 地図の定義
map = folium.Map(location=[36, 137.59], zoom_start=5)

# 地図上に線を追加
for line in lines:
    folium.PolyLine(
        locations=[line["from"], line["to"]],
        weight=line["weight"]
    ).add_to(map)

# 表示
map
```


Out

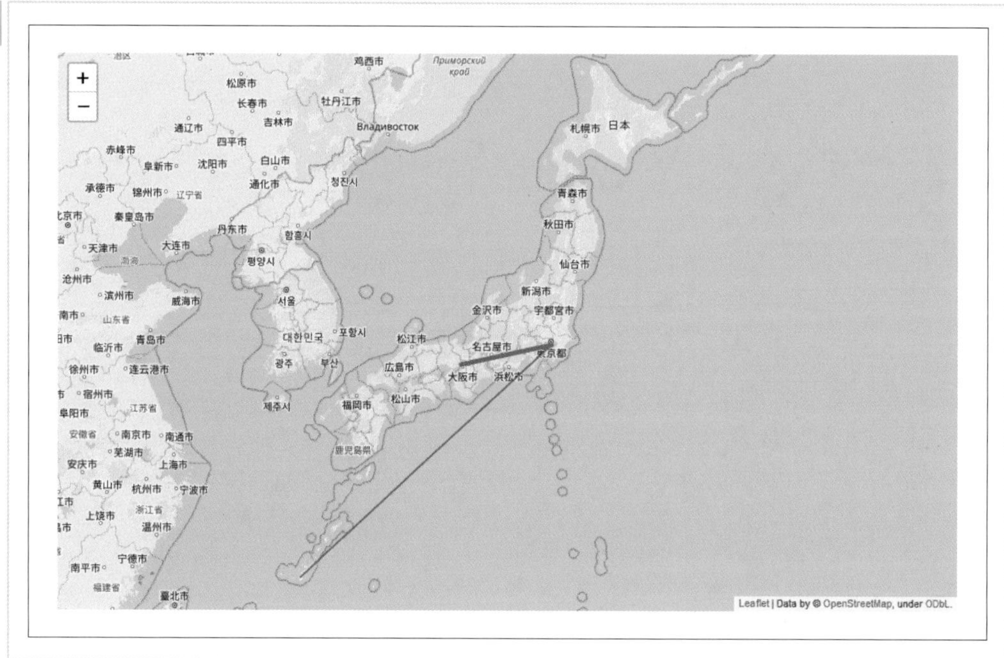

MEMO　ジオコーディングについて

住所から緯度経度へ変換することをジオコーディングと言います。
位置情報が住所しかない場合はジオコーディングを行う必要があります。
インターネット上にはジオコーディングを行うための様々なサービスがあります。
住所の情報は市町村合併などの政策的要因で変更になることがあります。そのため、位置に関する情報は緯度経度情報を合わせて取得しておくとその後のデータの活用がしやすくなります。

Chapter 7

文字情報のビジュアライゼーション

ワードクラウドによる文字情報のビジュアライゼーションについて解説します。

01 ワードクラウドの描画

本章では文書のビジュアライゼーションとしてワードクラウドを取り上げます。

ワードクラウドとは「単語の集合」という意味で、1つの画像の中に単語が集められたもので、文書の可視化に用いられるビジュアライゼーションの手法です。

この章で使用するライブラリを用いてワードクラウドを描画すると、文書に出てくる単語で描画領域が敷き詰められた画像ができます。単語の頻出度が高いほどその単語が大きく表示されます。

ワードクラウドを描画すると、どのような単語が多く含まれるのかがわかりやすく表現でき、文書の概観を把握することができます。

本章では、英語の文書のワードクラウドの作成はWikipediaのLOVEのページを使用します。

- **Wikipedia英語版**
  URL https://en.wikipedia.org/wiki/Main_Page

- **Wikipedia英語版：LOVE**
  URL https://en.wikipedia.org/wiki/LOVE

MEMO 「LOVEの文書

Wikipedia英語版：LOVEの文書は以下の文献より作成されています。

1. "Definition of Love in English". Oxford English Dictionary. Archived from the original on 2 May 2018. Retrieved 1 May 2018.
2. "Definition of "Love" - English Dictionary". Cambridge English Dictionary. Archived from the original on 2 May 2018. Retrieved 1 May 2018.
3. Oxford Illustrated American Dictionary (1998) Merriam-Webster Collegiate Dictionary (2000)
4. Roget's Thesaurus (1998) p. 592 and p. 639
5. "Love – Definition of love by Merriam-Webster". merriam-webster.com. Archived from the original on 12 January 2012. Retrieved 14 December 2011.
6. Fromm, Erich; The Art of Loving, Harper Perennial (1956), Original English Version, ISBN 978-0-06-095828-2
7. "Article On Love". Archived from the original on 30 May 2012. Retrieved 13 September 2011.
8. Helen Fisher. Why We Love: the nature and chemistry of romantic love. 2004.
9. https://www.huffpost.com/entry/what-is-love-a-philosophy_b_5697322
10. Liddell and Scott: φιλία Archived 3 January 2017 at the Wayback Machine
11. Mascaró, Juan (2003). The Bhagavad Gita. Penguin Classics. Penguin. ISBN 978-0-14-044918-1. (J. Mascaró, translator)

02 文字情報のビジュアライゼーションに用いるライブラリ

ワードクラウドの描画に用いるライブラリについて解説します。

wordcloud

ワードクラウドの描画には、wordcloudライブラリを使用します。

wordcloudは、スペースで区切られた文字列それぞれを単語として認識し、ワードクラウドとして表示します。

英語の文書は単語の間がスペースで区切られるため、英語で書かれた文書からは簡単にワードクラウドを描画できます。

一方、日本語の場合は、元の文書を単語間がスペースで区切られた文書に変換する必要があります。

janome

janomeは、日本語の形態素解析を行うことができるライブラリです。

形態素解析とは、文章から単語を切り出してその単語がどのような単語の種類（名詞や動詞など）であるかを解析することです。

日本語のワードクラウドの描画においては、文章を単語で区切る必要があるためこのライブラリを用います。

まずは、リスト7.1のようにライブラリのインポートを行っておいてください。

リスト7.1　第7章で必要となるライブラリのインポート

In

```
%matplotlib inline
import wordcloud
import matplotlib.pyplot as plt
import numpy as np
from janome.tokenizer import Tokenizer
from PIL import Image
import pandas as pd
```

03 英語の文字情報のワードクラウド

英語で書かれている文書をワードクラウドで描画する方法を取り扱います。

英語の文字情報をワードクラウドで表現してみましょう。

英語のワードクラウドの描画は、まずワードクラウドを作成する対象の英語の文書をデータとしておきます。

ワードクラウドの設定は**wordcloud.WordCloud**クラスを用いて行います。**WordCloud**クラスの引数**width**で横幅を、引数**height**で縦幅を、引数**background_color**で背景色を指定します。

ワードクラウドの描画は**generate**関数を用いて行います。**generate**関数の引数としてワードクラウドを描画する文書を指定します（**リスト7.2**）。

リスト7.2 英語の文字情報のワードクラウドの描画例

In

```
# 元テキスト
text_love = """Love encompasses a range of strong and positive  emotional and ➡
mental states, from the most sublime virtue or good habit, the deepest ➡
interpersonal affection and to the simplest pleasure.[1][2] An example of this ➡
range of meanings is that the love of a mother differs from the love of a ➡
spouse, which differs from the love of food. Most commonly, love refers to a ➡
feeling of strong attraction and emotional attachment.[3]
(…略…) ── ワードクラウドを作る元の文章
 consistently define, compared to other emotional states."""

wc_base = wordcloud.WordCloud(width=1000, height=600, background_color="white")
wc_base.generate(text_love)
plt.imshow(wc_base)
plt.axis("off")
```

Out

```
(-0.5, 999.5, 599.5, -0.5)
```

04 日本語の文字情報のビジュアライゼーション

日本語で書かれている文書をワードクラウドで描画する際に起こる現象について取り扱います。

ここでは日本語で書かれている文書をそのままワードクラウドで描画します。

日本語で書かれている文書として、この節では青空文庫の走れメロス（太宰治）を用います。

- **青空文庫**
  URL https://www.aozora.gr.jp/

- **青空文庫：走れメロス（太宰治）**
  URL https://www.aozora.gr.jp/cards/000035/files/1567_14913.html

日本語であっても英語の場合と同様の手順でワードクラウドのようなものが描画できますが、リスト7.3のように、一文が表示され、「ワード」クラウドではない状態ができあがります。

この現象は、日本語の文章は英語のように単語がスペースで区切られていないために生じます。

wordcloudは、英文のように単語がスペースによって区切られている文章を受け取ることを前提としてワードクラウドを描画しています。しかし、日本語の場合は単語はスペースで区切られておらず連続しており、文章の区切りまで一文が続きます。そのため、そのままwordcloudに与えると単語ではなく文章が表示されてしまいます。

リスト7.3　日本語の文字情報のワードクラウドの描画例（良くない例）

In

```
# 日本語の文字情報
text_jp = """ メロスは激怒した。必ず、かの邪智暴虐じゃちぼうぎゃくの王を除かなければならぬと決意し➡
た。メロスには政治がわからぬ。メロスは、村の牧人である。笛を吹き、羊と遊んで暮して来た。けれども邪悪に対➡
しては、人一倍に敏感であった。きょう未明メロスは村を出発し、野を越え山越え、十里はなれた此このシラクスの➡
市にやって来た。メロスには父も、母も無い。女房も無い。十六の、内気な妹と二人暮しだ。この妹は、村の或る律➡
気な一牧人を、近々、花婿はなむことして迎える事になっていた。結婚式も間近かなのである。メロスは、それゆ➡
え、花嫁の衣裳やら祝宴の御馳走やらを買いに、はるばる市にやって来たのだ。先ず、その品々を買い集め、それか➡
ら都の大路をぶらぶら歩いた。メロスには竹馬の友があった。セリヌンティウスである。今は此のシラクスの市で、➡
石工をしている。その友を、これから訪ねてみるつもりなのだ。久しく逢わなかったのだから、訪ねて行くのが楽し➡
みである。歩いているうちにメロスは、まちの様子を怪しく思った。ひっそりしている。もう既に日も落ちて、まち➡
の暗いのは当りまえだが、けれども、なんだか、夜のせいばかりでは無く、市全体が、やけに寂しい。のんきなメロ➡
スも、だんだん不安になって来た。路で逢った若い衆をつかまえて、何かあったのか、二年まえに此の市に来たとき➡
は、夜でも皆が歌をうたって、まちは賑やかであった筈はずだが、と質問した。若い衆は、首を振って答えなかっ➡
た。しばらく歩いて老爺ろうやに逢い、こんどはもっと、語勢を強くして質問した。老爺は答えなかった。メロスは➡
両手で老爺のからだをゆすぶっ　て質問を重ねた。老爺は、あたりをはばかる低声で、わずか答えた。"""

wc = wordcloud.WordCloud(width=1000, height=600, background_color="white",
                         font_path=r"C:¥Windows¥Fonts¥meiryo.ttc")
wc.generate(text_jp)
plt.imshow(wc)
plt.axis("off")
```

Out

```
(-0.5, 999.5, 599.5, -0.5)
```

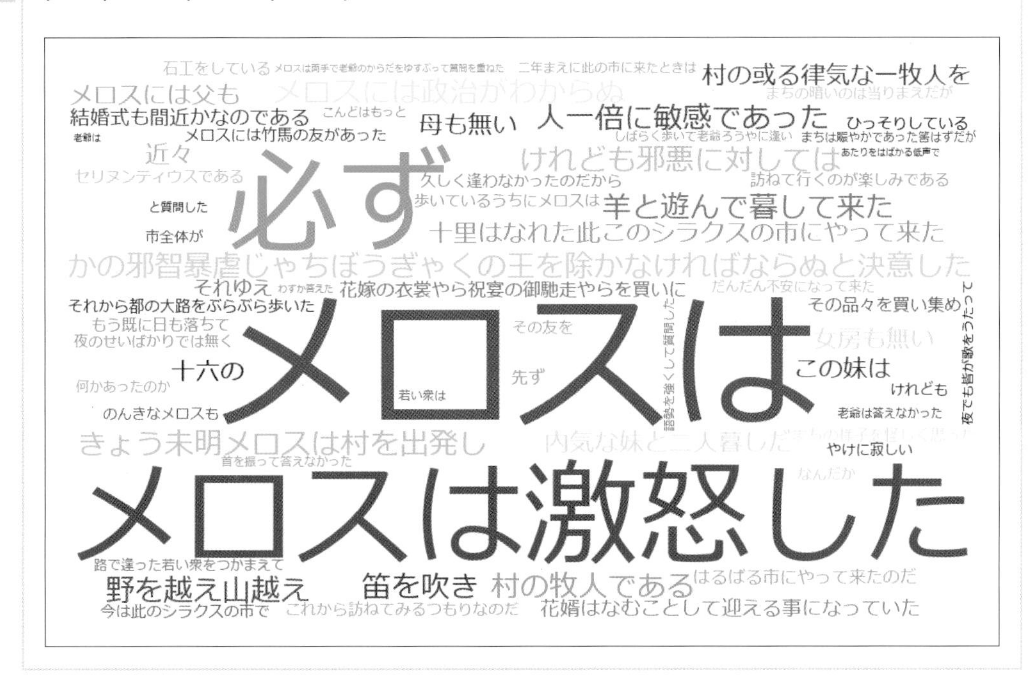

05 日本語のワードクラウド

日本語で書かれている文書を単語ごとにワードクラウドで描画する方法について取り扱います。

日本語で書かれている文書が、英語のように単語ごとにスペースで区切られていることはめったにありません。

日本語の文書を英文のように単語ごとにスペースで区切ることを、**分かち書き**と言います。

分かち書きをすることで、日本語の文書を英文と同じようにワードクラウド化できるため、ここでは日本語の分かち書き方法を紹介します。

日本語を分割するには、janomeの**tokenize**関数を利用します（リスト7.4）。

tokenize関数に引数として日本語の文書を与えると同時に、引数**wakati**に**True**を指定します。

結果は分かち書きした単語のリストとなっています。

リスト7.4　文書の分かち書きの例

In

```
# 日本語の文字情報
text = """　メロスは激怒した。必ず、かの邪智暴虐じゃちぼうぎゃくの王を除かなければならぬと決意した。➡
メロスには政治がわからぬ。メロスは、村の牧人である。笛を吹き、羊と遊（…略…）
　どっと群衆の間に、歓声が起った。
「万歳、王様万歳。」
　ひとりの少女が、緋ひのマントをメロスに捧げた。メロスは、まごついた。佳き友は、気をきかせて教えてやった。
「メロス、君は、まっぱだかじゃないか。早くそのマントを着るがいい。この可愛い娘さんは、メロスの裸体を、皆➡
に見られるのが、たまらなく口惜しいのだ。」
　勇者は、ひどく赤面した。"""

# 日本語の文字情報を分解
tk = Tokenizer()
wakatigaki = tk.tokenize(text, wakati=True)
print(wakatigaki)
```

Out

```
['メロス', 'は', '激怒', 'し', 'た', '。', '必ず', '、', 'かの', '邪智', '暴虐', 'じ',
'ゃちぼうぎゃくの', '王', 'を', '除か', 'なけれ', 'ば', 'なら', 'ぬ', 'と', '決意', 'し
', 'た', '。', 'メロス', 'に', 'は', '政治', 'が', 'わから', 'ぬ', '。', 'メロス', 'は
', '、', '村', 'の', '牧人
(…略…)
', '」', '¥n', '¥u3000', '勇者', 'は', '、', 'ひどく', '赤面', 'し', 'た', '。']
```

日本語の文書を分かち書きしたら、英語のワードクラウドを作成するのと同様の手順で作成

します（リスト7.5）。

tokenize関数により得られたデータは文書ではなく単語のリストであるため、このままではワードクラウドを描画することはできません。

単語リストからスペース区切りの文書に変換するには、**" ".join(wakatigaki)**とします。この変換で得られたデータを**generate**関数に与えることで、日本語のワードクラウドを描画することができます。

リスト7.5　日本語のワードクラウドの描画例

In

```
# 分割した文字情報をワードクラウドで描画
wc = wordcloud.WordCloud(width=1000, height=600, background_color="white",
                         font_path=r"C:¥Windows¥Fonts¥meiryo.ttc")
wc.generate(" ".join(wakatigaki))
plt.imshow(wc)
plt.axis("off")
```

フォントが保存されているファイルパス

Out

```
(-0.5, 999.5, 599.5, -0.5)
```

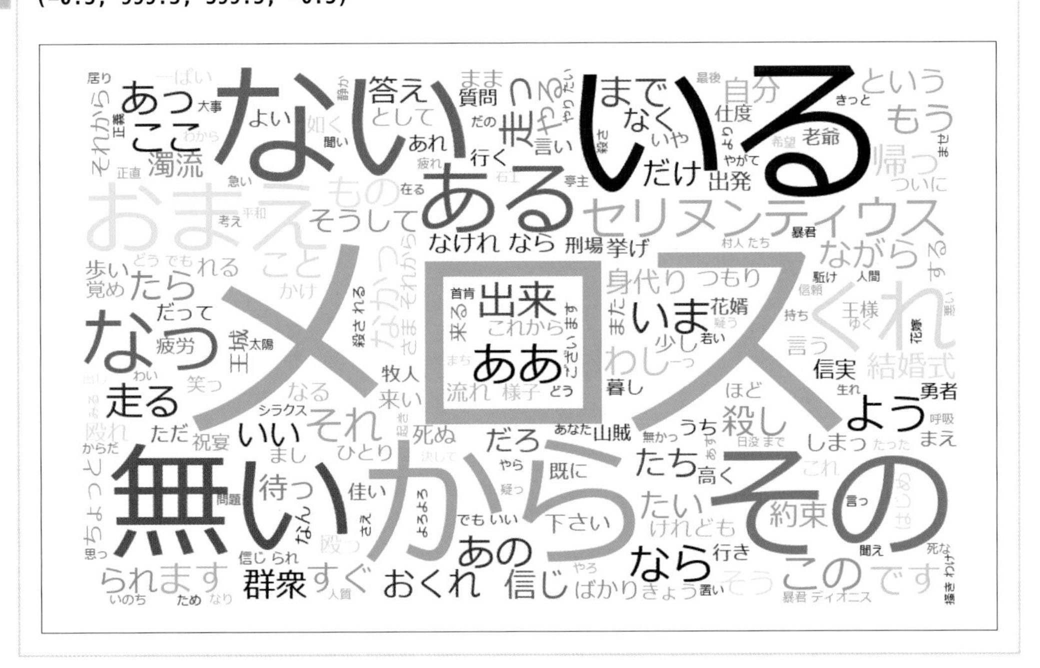

名詞だけを描画する

wordcloudでは、1文字の単語は描画されないように設定されています。日本語の場合は1文字であっても意味のある単語が多いため、1文字の単語でも描画するように変更します。

また通常の場合、接続詞がよく出てきてしまいますが、重要な情報の多くは「名詞」・「動詞」・「形容詞」等であることが多いため、ここでは「名詞」だけを抽出して描画するようにします（リスト7.6）。

tokenize関数により得られる**Token**オブジェクトの**part_of_speech**に品詞の情報が格納されているため、これを使って名詞だけを抽出し、単語リストを作成します。単語のリストができたら、スペースで繋げて一文にして、ワードクラウドを描画します。

作成した新しい単語のリストに対して**wc.generate**関数を実行することで、名詞だけのワードクラウドを描画することができます。

リスト7.6　名詞の単語を1文字でも描画する例

In

```
meishi_list = []

for token in tk.tokenize(text):
    if token.part_of_speech.split(",")[0] == "名詞":
            meishi_list.append(token.surface)

# 1文字の単語を出現させるにはregexpの設定が必要
wc = wordcloud.WordCloud(width=1000, height=600, background_color="white",
                         font_path=r"C:¥Windows¥Fonts¥meiryo.ttc",
                         regexp="[¥w']+")
wc.generate(" ".join(meishi_list))
plt.imshow(wc)
plt.axis("off")
```

Out

```
(-0.5, 999.5, 599.5, -0.5)
```

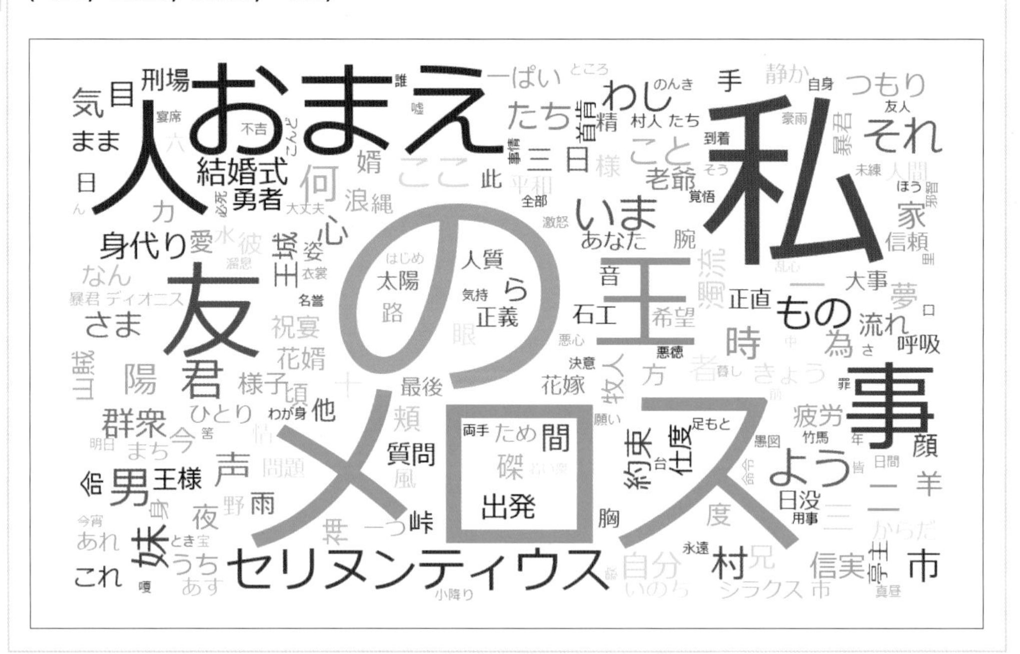

06 ワードクラウドの形を変える

ワードクラウドのシルエットを好きな形で描画する方法を取り扱います。

wordcloudは、デフォルトで長方形のワードクラウドを作成しますが、任意の画像を設定して、その形にワードクラウドを描画することも可能です。

また、カラーマップを変更することができるため、画像に合った色を用いたカラーマップを利用して、印象的なビジュアライゼーションとすることもできます。

画像を用意する

まずはワードクラウドのシルエットにしたい形の画像を用意します。簡単な図形であれば無料のお絵描きソフトやMicrosoft社のPowerPointで作成することができます。また、フリー素材を扱うサイトから画像をダウンロードして用意してもよいでしょう。

ここでは図7.1のハートの画像（heart.png）を使用して、ワードクラウドを描画します。ワードクラウドの描画に使用する画像は、背景が透過されているものではなく白で塗りつぶされているものを使用します。

本書ではICOOON MONO（URL https://icooon-mono.com/）からハート型のアイコンをダウンロードして使用しています（MEMO参照）。

ハートを表すアイコンは翔泳社のダウンロードサイトよりダウンロードできますので、そちらの画像を用いても実行できます。

ダウンロードサイトしたアイコンは、「heart.png」というファイル名でJupyter Notebookのノートブックファイルと同じフォルダに配置してください。

図7.1 ハートの画像

MEMO　「ハートのマーク」の画像について

「ICOOON MONO」（URL https://icooon-mono.com/）から「ハートのマーク」で検索して表示される画像一覧から「ハートのマーク」を選択すると、誌面と同じハートマークの画像をダウンロードできます。

それではハートの形に合わせて、Wikipediaの英語版の「LOVE」のページの文章（URL https://en.wikipedia.org/wiki/Love）でワードクラウドを描画します。

まず元のテキストを指定して、次にマスク用の画像（heart.png）を読み込みます。画像でマスクした際の背景色を指定します。マスクした画像の境界線もイメージと合う色を選択します（リスト7.7）。

wordcloud.WordCloudクラスの引数**mask**でマスク用の画像を指定します。画像でマスクした形がわかりやすいように、周囲を線で囲う際には引数**contour_width**で線の幅を、引数**contour_color**で線の色を指定します。また、引数**colormap**に適切なカラーマップを指定することで、単語の文字色を画像に合わせた色合いにすることもできます。

リスト7.7　ハートの形のワードクラウドの描画例

In

```
# 元テキスト
text_love = """Love encompasses a range of strong and positive emotional and ⇒
mental states, from the most sublime virtue or good habit, the deepest ⇒
interpersonal affection and to the  simplest pleasure.[1][2] An example of ⇒
this range of meanings is (…略…) unusually difficult to consistently define, ⇒
compared to other emotional states."""

# マスク用画像の読み込み
mask_image = np.array(Image.open("heart.png"))

# 画像でマスクしたワードクラウドを生成
wc = wordcloud.WordCloud(width=700, height=700, background_color="white",
                         font_path=r"C:¥Windows¥Fonts¥meiryo.ttc",
                         mask=mask_image, contour_width=6,
                         contour_color="pink", colormap="plasma")
wc.generate(text_love)

# 表示
plt.imshow(wc)
plt.axis("off")
```

Out

```
(-0.5, 561.5, 511.5, -0.5)
```

07 特定の文字の色を指定する

ワードクラウドに出現する文字のうち特定の単語について色を変更する方法を取り扱います。

描画するワードクラウドのイメージに合わせてカラーマップから文字色を選択すると簡単にきれいな色合いのワードクラウドを描画できますが、「企業名だけはコーポレートカラーを使用する」というように、特定の単語の色を変えることもできます。

ワードクラウド中で特定の単語を強調したい場合は、単語とそれに対応する色を指定した上で、それ以外の単語の色を無彩色にするといった方法をとることができます。

ここでは、特定の単語を強調した「The Zen of Python」のワードクラウドを作ります。

MEMO The Zen of Python

Pythonプログラマが心得ておくべきことをまとめたものです。
以下のコマンドで表示できます（リスト7.8）。

リスト7.8 The Zen of Python

In
```
import this
```

Out
```
The Zen of Python, by Tim Peters

Beautiful is better than ugly.
Explicit is better than implicit.
Simple is better than complex.
Complex is better than complicated.
Flat is better than nested.
Sparse is better than dense.
Readability counts.
Special cases aren't special enough to break the rules.
Although practicality beats purity.
Errors should never pass silently.
Unless explicitly silenced.
In the face of ambiguity, refuse the temptation to guess.
There should be one-- and preferably only one --obvious way to do it.
Although that way may not be obvious at first unless you're Dutch.
Now is better than never.
Although never is often better than *right* now.
If the implementation is hard to explain, it's a bad idea.
If the implementation is easy to explain, it may be a good idea.
Namespaces are one honking great idea -- let's do more of those!
```

まずはデフォルトの状態でワードクラウドを描画します。その後ワードクラウドに用いられる文字色を変更する**wc.recolor**関数を実行します（リスト7.4）。

この時、単語を受け取るとその単語に使用する色を返す関数を作成し、**wc.recolor**関数の引数**color_func**に与えます。

今回は、単語**idea**を受け取ると赤、単語**although**なら緑、それ以外は灰色を返す関数を作成し、引数**color_func**に与えました。

リスト7.9　The Zen of Pythonのワードクラウドの描画例

In

```
# 元テキスト
text = """The Zen of Python, by Tim Peters （…略…） """

# ワードクラウドを生成
wc = wordcloud.WordCloud()
wc.generate(text.lower())

# 色付けに使う関数を定義
def color_func(word, **kwargs):
    # 単語と色の対応辞書
    color_dict = {"idea": "red", "although": "green"}
    # 辞書にない単語に使う色を設定
    default_color = "grey"
    return color_dict.get(word, default_color)
# 色付けに使う関数を使って，色を塗り直す
wc.recolor(color_func=color_func)

# 表示
plt.imshow(wc)
plt.axis("off")
```

Out

```
(-0.5, 399.5, 199.5, -0.5)
```

Chapter 8

インフォグラフィックのビジュアライゼーション

画像を用いて数値を表示する「インフォグラフィック」の手法について解説します。

01 インフォグラフィックとは

本章で扱う「インフォグラフィック」について解説します。

インフォグラフィックとは、情報の可視化の中でも特に見た目のデザインにこだわり、情報を視覚的にわかりやすく表現したものです。

インフォグラフィックは、グラフィックの見た目にこだわったものが多く、ビジネスの現場だけでなく、一般の方にも興味を持って見てもらえる表現方法です。

日本におけるインフォグラフィックといえば、ピクトグラムを用いた表現を指していることが多い印象があります。ピクトグラムによるインフォグラフィックの特徴は、基本的なチャートよりも直感的でわかりやすい図形を用いて数値を表現している点が挙げられます。

インフォグラフィックは、企業の広報部門で社外の関係者への情報伝達をスムーズに行う手段の1つとして用いられていることがあります。また、企業のみならず、個人のSNSによる情報のシェアの際に、インフォグラフィックを用いるとより注目を集め、楽しい印象を与えることができます。

02 ピクトグラム

インフォグラフィックで用いられる「ピクトグラム」について取り扱います。

ピクトグラムとは

インフォグラフィックを作成する上で、非常に使い勝手の良いものが「ピクトグラム」です。

ピクトグラムとは、意味が定義された絵文字のようなものです。特徴として、非常にシンプルな絵柄で表現されていることが挙げられます。また色は単色であることがほとんどです（**図8.1**、**図8.2**）。

日常的によく見かけるピクトグラムとして「JIS規格のピクトグラム」がありますが、規格に沿ったものでなくても、私たちの身近なアイコンで意味が一目でわかるものであれば、インフォグラフィックへの活用に向いています。

図8.1 ピクトグラムの例①

図8.2 ピクトグラムの例②

MEMO JIS規格のピクトグラムとISO規格のピクトグラム

多くの方が普段目にするピクトグラムは、その多くがJIS規格で、日本の共通のピクトグラムになっています。ISO規格のピクトグラムとは、国際的な標準のピクトグラムになっています
なおJIS規格のピクトグラムであっても、ISO規格のピクトグラムとほぼ同じものもあります。

使用するピクトグラム

無料配布されているアイコン

アイコンを無料配布しているWebサイトの中には、規約を遵守する限りアイコンの商用利用を許可しているWebサイトもあり、資料の作成などに利用できます。

- **ICOOON MONO**
  URL https://icooon-mono.com/

MEMO　本章の05節、06節、07節、08節で利用する画像について

05節で利用する桃のイラストは「いらすとや」（URL https://www.irasutoya.com/）で「桃」で検索して表示される画像候補から「桃のイラスト」を右クリックして、「名前を付けて画像を保存」を選択し、fruit_momo.pngという名前で保存してください。

06節で利用する人の形の画像は「ICOOON MONO」（URL https://icooon-mono.com/）から「歩くアイコン」で検索して表示される画像の一覧から「歩くアイコン」の画像を選択し、PNG形式でダウンロードし、名前を「human.png」に変更してください。

07節で利用するスカートを履いた人型のアイコンは「ICOOON MONO」（URL https://icooon-mono.com/）から「無料で使える女性アイコン」で検索して表示される画像をPNG形式でダウンロードして名前を「woman.png」に変更してください。

08節で利用するイルカ・ペンギン・マンボウの形のアイコンは「ICOOON MONO」（URL https://icooon-mono.com/）から「イルカのフリーアイコン」「ペンギンののフリーイラスト 2」「マンボウアイコン1」でそれぞれ検索して表示される画像をPNG形式でダウンロードして、それぞれ名前を「dolphin.png」「penguin.png」「sunfish.png」に変更してください。

自身で作成したアイコン

簡単な図形であれば、プレゼンテーションソフトのPowerPointや、お絵描きソフトなどで、あらかじめ用意されている図形を組み合わせて、アイコンを作成できます。自分でアイコンを作成する場合は、縦横の長さが同一になるようにアイコンを作成しておいたほうが利用しやすいです。

03 画像を並べる際の表現方法

ピクトグラムなどの画像を並べる際の一般的なルールを取り扱います。

「数」を表現するには、値の数に応じた個数の画像を並べる、画像サイズを大きくするなどの方法が考えられます。

「割合」を表現するには、画像全体のうち、色を付ける割合を変化させるなどの方法があります。

並べ方のルール

複数の画像を並べることで数を表現するビジュアライゼーションでは、区切りのよい数でまとめるとぐっと見やすくなります。

図8.3では■を10として表現しています。改行に関しても10や100などの区切りのよい数で改行すると見やすく、より情報が伝わりやすくなります。

10.5などの端数の場合は、画像では端数部分は数字の把握は困難です。小数点を含めた細かな数字による表現の場合は、棒グラフなどを使うことをおすすめします。

図8.3 アイコンで表現する方法

04 インフォグラフィックで用いるライブラリ

インフォグラフィックの作成に用いるライブラリを取り扱います。

画像を扱うライブラリ

画像を扱うライブラリとしては、pillowがあります。pillowをインストールしてから**`from PIL import`**を実行すると、pillowをインポートすることができます（PILはPython Image Liblaryの略）。

pillowは画像処理を行うライブラリで、画像の大きさを変更したり、色を変更したりするような基本的な画像の処理を行うことに適しているライブラリです。

pillowを利用するには**リスト8.1**のコードを実行してください。

リスト8.1　pillowのインポート

In
```
from PIL import Image, ImageOps
from IPython.display import display
```

05 画像の大きさで数量を表現する

画像の大きさで数量の大小を表現する方法について取り扱います。

数量に応じて画像の大きさを変える

数量に大きな変化があった場合、もとの数量と変化した後の数量を比較して表現することがよくあります。

数量を画像で表現するために、まずは画像の読み込みを行います。ここでは桃の画像「fruit_momo.png」を読み込みます。

本書では「いらすとや」（URL https://www.irasutoya.com/）から桃の画像をダウンロードして使用しています（本章の02節のMEMO参照）。

違う画像になりますが、翔泳社のダウンロードサイトより桃型の画像をダウンロードできますので、そちらを使用することもできます。ダウンロードした画像ファイルは、「fruit_momo.png」というファイル名でJupyter Notebookのノートブックファイルと同じフォルダに配置してください。

画像を読み込むには**Image.open**関数を実行します（**リスト8.2**）。読み込んだ画像をNotebook上に描画するには**display**関数を実行します。

リスト8.2　画像の読み込みと描画の例

```
im = Image.open("fruit_momo.png")
display(im)
```

Out

数量が大きくなったり、小さくなったりしたことを値で示す時は**resize**関数を用います。

im.size[0]が変数**im**に読み込んだ画像の横幅、**im.size[1]**が変数**im**に読み込んだ画像の縦幅を表しています。

数量が小さくなったことを表現するために、縦幅と横幅をもとの画像の0.2倍の大きさに縮小する時は、縦幅と横幅に**0.2**を掛けてリサイズします（**リスト8.3**）。

リスト8.3　画像の大きさを変更した例

In

```
mini_im = im.resize((int(im.size[0] * 0.2), int(im.size[1] * 0.2)))
display(mini_im)
print(mini_im.size)
```

Out

```
(145, 123)
```

06 並べる個数で数量を表現する

並べる個数で数量を表現する方法について取り扱います。

画像を並べることでも、数量の多寡を表現できます。例えば人の形のアイコンを並べることで、来客数を視覚的に表現することもできます。

ここでは人の形の画像に「human.png」という名前の画像ファイルを用います。

本書ではICOOON MONO（URL https://icooon-mono.com/）から歩く人型のアイコンをダウンロードして使用しています（本章の02節のMEMO参照）。

違う画像になりますが、人を表すアイコンは翔泳社のダウンロードサイトよりダウンロードできますので、そちらの画像を用いても実行できます。

ダウンロードサイトしたアイコンは、「human.png」というファイル名でJupyter Notebookのノートブックファイルと同じフォルダに配置してください。

使用する画像を**Image.open**関数で読み込みます。

次に画像を並べていきます。

Image.new関数を使って、土台となる何も書かれていない画像**canvas**を生成します。**canvas**に対して**paste**関数を使って、人の形の画像**im**を貼り付けていきます。

この時、画像**im**の横幅（**im_width**）と画像間のマージン（**margin**）の合計値ずつ貼り付ける位置をずらすことで、画像**im**が一定間隔で並ぶようにします（**リスト8.4**）。

リスト8.4 人の画像の数で数量を表現する例

In

```
# 並べる個数
num = 10

# 画像間のマージン
margin = 5

# 画像の読み込み
im = Image.open("human.png")
im_width, im_height = im.size

# 土台となるImageに読み込んだ画像を貼り付けていく
canvas = Image.new("RGBA", ((im_width + margin) * num, im_height))
for i in range(num):
    canvas.paste(im, ((im_width + margin) * i, 0))

canvas
```

Out

並べる数が多くなる場合は10などの区切りの良い箇所で折り返すようにします。

ここでは画像が10個を超える場合には10個までを1段目に表示し、それ以降は2段目に表示するようにします。縦方向と横方向の位置を決めるために、**margin_h**で横方向の間隔のピクセル数を、**margin_v**で縦方向のピクセル数を指定し、連続して並べていきます（**リスト8.5**）。

リスト8.5　画像が多い場合は区切りの良い箇所で折り返す

In

```
import math

# 並べる個数
num = 15

# 折り返す個数
wrap_num = 10

# 画像間のマージン
margin_h = 5
margin_v = 5

# 画像の読み込み
im = Image.open("human.png")
im_width, im_height = im.size

# 土台となるImageに読み込んだ画像を貼り付けていく
canvas = Image.new("RGBA", ((im_width + margin_h) * wrap_num,
                            (im_height + margin_v) * math.ceil(num / wrap_num)))
for i in range(num):
    x = (im_width + margin_h) * (i % wrap_num)
    y = (im_height + margin_v) * (i // wrap_num)
    canvas.paste(im, (x, y))

canvas
```

Out

07 割合を画像で表現する

割合を画像で表現する方法を取り扱います。

1つの画像内の一部の色を変える手法は、割合を表現する際に用いられるビジュアライゼーション手法です。

割合を1つの画像の色塗りで表現する

1つの画像で割合を表現したい場合は、色分けにより表現することが多いです。

まず、あらかじめ単色で塗りつぶされている画像を用意します。

ここでは、透過された背景に黒で人の形が描かれた画像ファイル「woman.png」を用います。

本書ではICOOON MONO（URL https://icooon-mono.com/）からスカートを履いた人型のアイコンをダウンロードして使用しています（本章の02節のMEMO参照）。

違う画像になりますが、スカートを履いた人を表すアイコンは翔泳社のダウンロードサイトよりダウンロードできますので、そちらの画像を用いても実行できます。

ダウンロードサイトしたアイコンは、「woman.png」というファイル名でJupyter Notebookのノートブックファイルと同じフォルダに配置してください。

画像が用意できたら**Image.open**関数で画像の読み込みを行います（**リスト8.6**）。

リスト8.6　画像の読み込み

In

```
from PIL import Image, ImageOps
from IPython.display import display

im = Image.open("woman.png")
display(im)
```

Out

画像の色分けを行う関数fillを定義します。

この関数は、画像の一定範囲内の各ピクセルをチェックしていき、そのピクセルの色が背景色（woman.pngの場合はRGBA値のアルファ値が0のもの。すなわち透明）でない場合、そのピクセルをピンク色（RGB値で**(255, 200, 200)**）に変更する関数です。色塗り処理を行う範囲は引数**percentage**で与えます。**fill(im, 90)**とすると、**im**に格納されている画像の下から90%の範囲をピンク色に塗ることができます（**リスト8.7**）。

リスト8.7　1つの画像の中の色で割合を表現する例

In

```
def fill(image, percentage=100):
    start = int(image.size[1] / 100 * percentage)
    for y in range(image.size[1] - start, image.size[1]):
        for x in range(image.size[0]):
            if image.getpixel((x, y))[3] != 0:
                image.putpixel((x, y), (255, 200, 200))

fill(im, 90)
display(im)
```

Out

割合を複数の画像の色の違いで表現する

複数の個体がありその割合を表現するには、画像を複数用いてそれぞれの画像に用いる色の割合によって表現する方法が向いています。

例えば、全体で10人の顧客がいた場合に7人が男性で3人が女性であった場合の表現などに向いています。

ここで紹介するのは、全部で10個のうち7個を青色に、残りを赤色の画像を並べる例です。

「割合で画像を塗りつぶす」時に使った関数と同じように、元の画像の色を変更する関数を**fill**という関数名で定義します。

画像のうち7個目までを**fill**関数で青く（RGB値で**(0, 0, 255)**）塗りつぶし、8個目以降を赤く（RGB値で**(255, 0, 0)**）塗りつぶします。そして、変数**margin**で定義した間隔を空けながら、塗りつぶした画像を配置していきます（**リスト8.8**）。本書では、使用する画像の背景色はアルファ値が0であることを想定しています。

リスト8.8　複数の色の違う画像で割合を表現する例

In

```
# 並べる個数
num = 10

# 画像間のマージン
margin = 5

# 画像を指定の色で塗りつぶす関数
def fill(image, color=(255, 255, 255)):
    for y in range(image.size[1]):
```

```
        for x in range(image.size[0]):
            if image.getpixel((x, y))[3] != 0:
                image.putpixel((x, y), color)

# 画像を読み込み
im = Image.open("human.png")
im_width, im_height = im.size

# 土台となるImageに読み込んだ画像を貼り付けていく
canvas = Image.new("RGBA", ((im_width + margin) * num, im_height))
for i in range(num):
    if i < 7:
        # 7個目までは青を指定
        color = (0, 0, 255)
    else:
        # それ以降は赤を指定
        color = (255, 0, 0)

    # 指定した色で塗りつぶす
    color_im = im.copy()
    fill(color_im, color)

    # 貼り付け
    canvas.paste(color_im, ((im_width + margin) * i, 0))

canvas
```

Out

08 縦棒グラフのように画像を並べる

縦棒グラフのように画像を積み上げる方法を取り扱います。

第5章で扱ったように縦棒グラフは棒の長さで大小を表す際によく利用されます。

ここでは、縦棒グラフの棒の代わりに、図形を積み上げて大小を表現するインフォグラフィックを描画します。

クラスの定義

まず、軸ラベル・積み上げる画像・積み上げる個数を受け取り、それらの情報からグラフを描画するクラスを定義します（**リスト8.9**）。

リスト8.9 グラフを描画するクラスを定義

In

```
from PIL import Image, ImageDraw, ImageFont

class IconGraph:
    # 初期化用
    def __init__(self, data, icon_size=(128, 128), size=(800, 800),
                 back_color=(255, 255, 255),
                 label_back_color=(255, 255, 255),
                 font="C:¥Windows¥Fonts¥meiryo.ttc",
                 font_size=24, font_color=(0, 0, 0)):

        self.canvas_size = [size[0], size[1]]  # 全体のサイズ
        self.label_field_height = 100  # ラベル描画領域の高さ
        # グラフ描画領域のサイズ
        self.graph_size = [self.canvas_size[0],
                           self.canvas_size[1] - self.label_field_height]
        self.icon_size = icon_size  # アイコンのサイズ
        self.back_color = back_color # グラフ描画領域の背景色
        self.label_back_color = label_back_color  # ラベル描画領域の背景色

        # ラベル情報をセット
        self.labels = []
        for d in data:
            self.labels.append(d["label"])
```

```
        # valueの最大値を取得
        value_max = data[0]["value"]
        for d in data:
            if value_max < d["value"]:
                value_max = d["value"]

        # セルの個数
        self.grid_y = value_max  # セルの個数（縦）
        self.grid_x = len(data)  # セルの個数（横）

        # セルの大きさ
        # 1セルが使用できる高さ
        self.grid_height = self.icon_size[1]
        # 1セルが使用できる幅
        self.grid_width = self.graph_size[0] // self.grid_x

        # セルの中心までのオフセット
        self.grid_med_offset = (self.grid_width // 2, self.grid_height // 2)

        # グラフ描画領域の高さが足りない場合は自動拡張
        if self.graph_size[1] < self.grid_height * self.grid_y:
            self.graph_size[1] = self.grid_height * self.grid_y
            self.canvas_size[1] = self.grid_height * self.grid_y ¥
                                  + self.label_field_height

        # グリッドを構成
        self.grid = [[None for i in range(self.grid_y)] ¥
                     for j in range(self.grid_x)]

        # グリッドに画像を登録
        for x in range(len(data)):
            target = data[x]
            icon = Image.open(target["image"])
            for j in range(target["value"]):
                self.grid[x][j] = icon

        # ラベルのフォント設定
        self.font = ImageFont.truetype(font, font_size)
        self.font_color = font_color

        # 描画
        self._draw()


    # グラフを描画する
    def _draw(self):
        # キャンバスとグラフ描画領域を生成
        self.canvas = Image.new("RGBA", self.canvas_size, self.label_back_color)
        self.graph_field = Image.new("RGBA", self.graph_size, self.back_color)
```

```
        # グラフ描画領域にアイコンを描画
        for x in range(len(self.grid)):
            # 描画位置の計算
            x_offset = x * self.grid_width  # 描画するセルの左端の座標

            # ラベルを描画
            imd = ImageDraw.Draw(self.canvas)
            # ラベルのサイズを計算
            label_size = imd.textsize(self.labels[x], self.font)
            # ラベルの左端の座標
            label_x = x_offset + self.grid_med_offset[0] - label_size[0] // 2

            imd.text((label_x, self.graph_size[1]), self.labels[x],
                     font=self.font, fill=self.font_color)

            # アイコンを描画
            for y in range(len(self.grid[x])):
                if self.grid[x][y] is None:
                    continue
                c_x = x_offset + self.grid_med_offset[0] ¥
                    - self.icon_size[0] // 2  # アイコンの左端の座標
                c_y = self.graph_size[1] - (y * self.grid_height) ¥
                    - self.grid_height  # アイコンの上端の座標
                self.graph_field.paste(self.grid[x][y],
                                       (c_x, c_y),
                                       self.grid[x][y])

        # グラフ描画領域をキャンバスに貼り付ける
        self.canvas.paste(self.graph_field)


    # グラフ画像を返す
    def get_image(self):
        return self.canvas
```

画像を利用した縦棒グラフの描画

リスト8.9のクラスを定義しておけば、後は**リスト8.10**のコードを実行するだけで画像を利用した縦棒グラフを描画できます。

本書ではICOOON MONO（URL https://icooon-mono.com/）から、ペンギン・イルカ・マンボウの形のアイコンをダウンロードして使用しています（本章の02節のMEMO参照）。

違う画像になりますが、ペンギン・イルカ・マンボウの形のアイコンは翔泳社のダウンロードサイトよりダウンロードできますので、そちらの画像を用いても実行できます。

ダウンロードサイトしたアイコンは、「dolphin.png」「penguin.png」「sunfish.png」とい

うファイル名でJupyter Notebookのノートブックファイルと同じフォルダに配置してください。

IconGraphというクラスを定義したので、**IconGraph**クラスでデータやグラフの大きさを指定すれば、インフォグラフィックを描画できます。

引数**back_color**にはグラフ描画部分の背景色を、引数**label_back_color**にはラベル部分の背景色をそれぞれRGB値で指定します。

IconGraphクラスに与えるデータには**label**にラベルとして書く項目を、**image**にはイメージ画像のファイル名を、**value**に画像を並べる個数を入力しておきます。

作成した画像を表示するには、**get_image**関数を実行する必要があります（**リスト8.10**）。

リスト8.10　画像を使った縦棒グラフの描画例

In

```
# アイコンのサイズは統一されているものとする
# アイコン画像のサイズ
icon_size = (128, 128)

# グラフ全体のサイズ（グラフの高さに関しては自動で拡張される）
canvas_size = (800, 800)

# グラフ描画領域の背景色
graph_back_color = (248, 255, 248)

# ラベル描画領域の背景色
label_back_color = (130, 230, 180)

# データ定義
data = [
    {
        "label": "Dolphin",  # ラベル
        "image": "dolphin.png",  # 積み上げる画像
        "value": 3  # 積み上げる個数
    },
    {
        "label": "Penguin",
        "image": "penguin.png",
        "value": 5
    },
    {
        "label": "Sunfish",
        "image": "sunfish.png",
        "value": 2
    },
]


ig = IconGraph(data, icon_size, canvas_size, graph_back_color, label_back_color)
ig.get_image()
```

Out

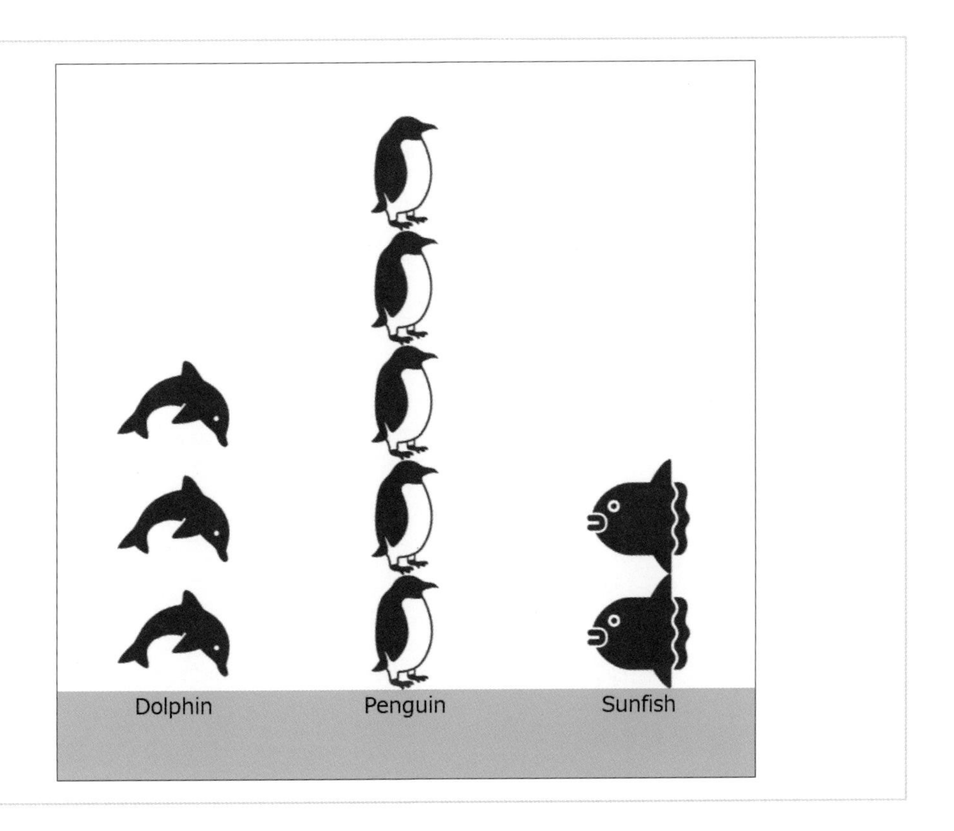

Appendix

データビジュアライゼーションにおけるカラーパレット

データビジュアライゼーションでは、データの性質ごとに適したカラーパレットを選ぶ必要があります。
付録では色の考え方とカラーパレットについて簡単に紹介します。

01 色の考え方

ビジュアライゼーションで重要となる色についての考え方について取り扱います。

美術書やデザイン書などを読んだことのある方であれば、マンセル表色系（マンセル・カラー・システム）のカラーチャートを見たことがあると思います。マンセル表色系は色を定量的に表現する方法で、「色相」、「明度」、「彩度」から構成されています。また、明度と彩度の組み合わせである「トーン」の概念のあるカラーシステムにPCCSがあります（**図AP1.1**）。カラーパレットの選択の際に知っておくと便利な考え方です。

図の上に存在する色ほど明度が高く、右に存在するほど彩度が高い色の組み合わせになっています。

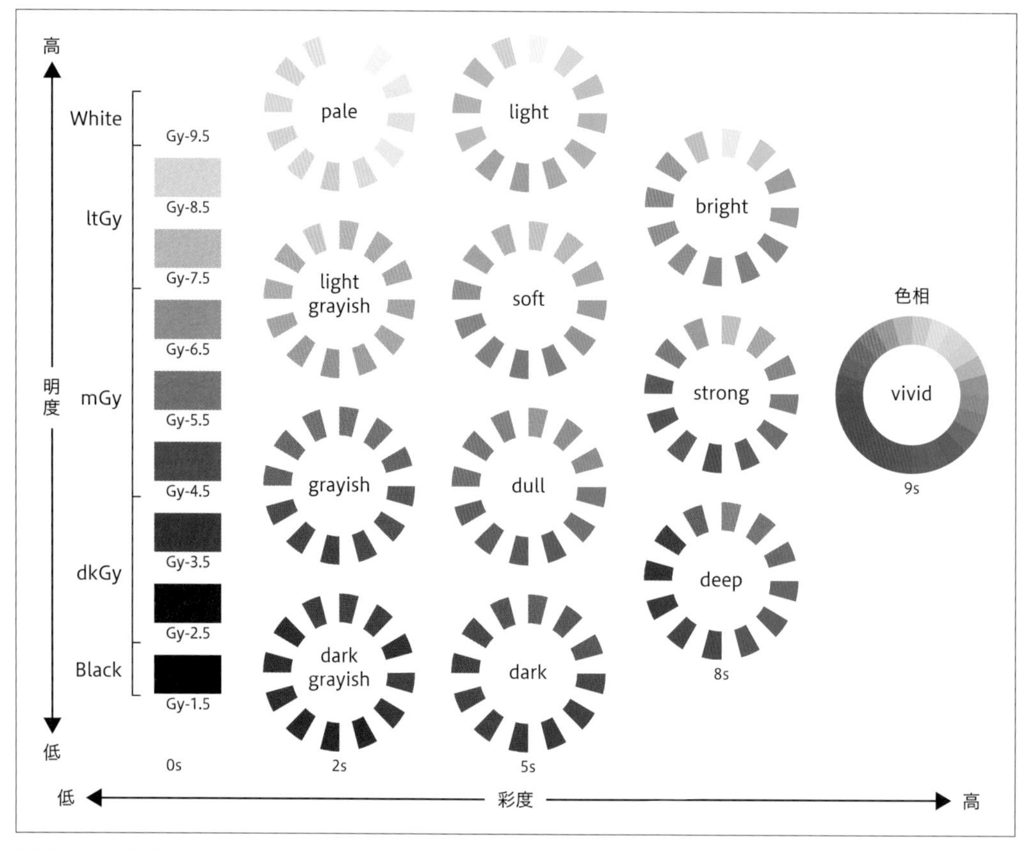

図AP1.1 PCCS

02 seabornのカラーパレット

第5章のチャートで用いたライブラリのseabornのカラーパレットについて取り扱います。

本書ではseabornを利用して様々なグラフを描画しています。ここでは、seabornのカラーパレットについて、データの性質に適したカラーパレットをいくつか紹介します。

質的変数のビジュアライゼーションに適したカラーパレット

質的変数の場合は、色の違いが明確に分かれているカラーパレットが適しています。

2つのグループの質的変数について可視化する際には2つの類似した色が組み合わせで並ぶ**Paired**というカラーパレットが便利です（**リストAP1.1**）。

リストAP1.1 質的変数に適したカラーパレット

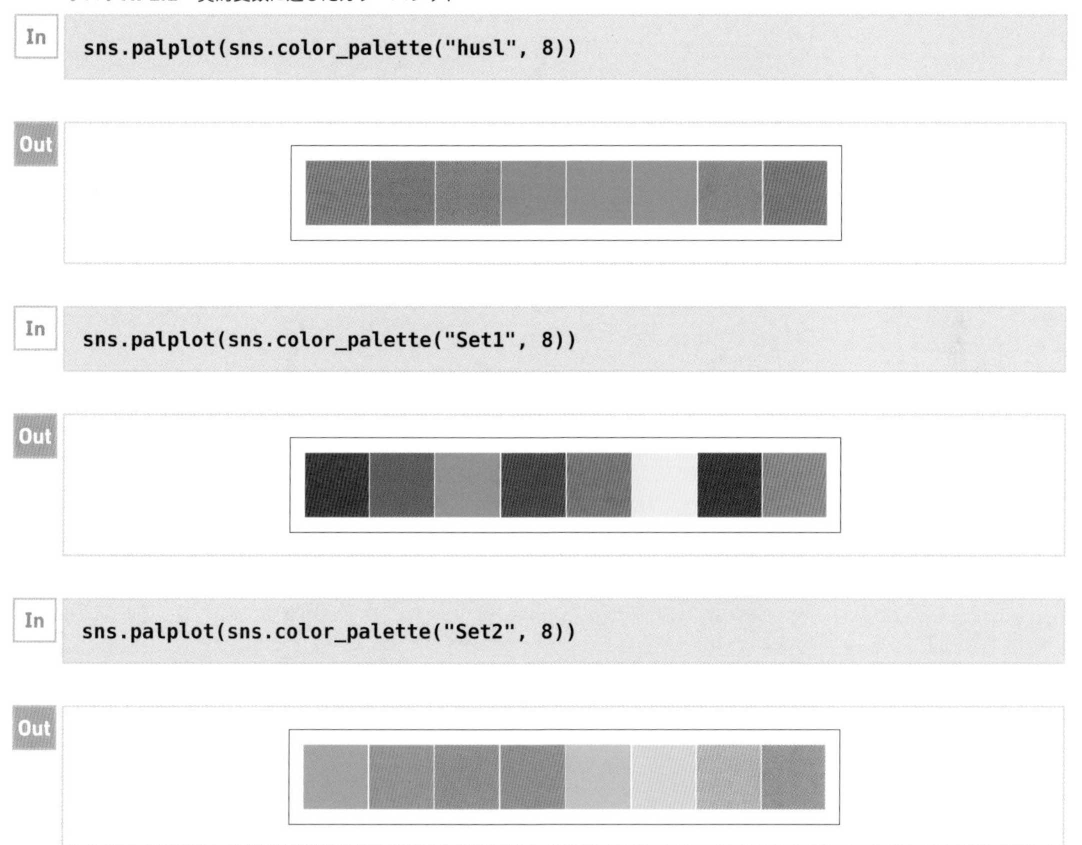

```
sns.palplot(sns.color_palette("husl", 8))
```

```
sns.palplot(sns.color_palette("Set1", 8))
```

```
sns.palplot(sns.color_palette("Set2", 8))
```

```
sns.palplot(sns.color_palette("Paired", 8))
```

量的変数のビジュアライゼーションに適したカラーパレット

量的変数の場合は色が同じでも明度や彩度が徐々に変化する色を用いるカラーパレットが適しています（**リストAP1.2**）。

sns.color_palette関数では、カラーパレット名の末尾に **_r** を付けることで色の出現の順番を反転させることができます。また、**_d** で暗めにすることができます。

リストAP1.2　量的変数に適しているカラーパレット

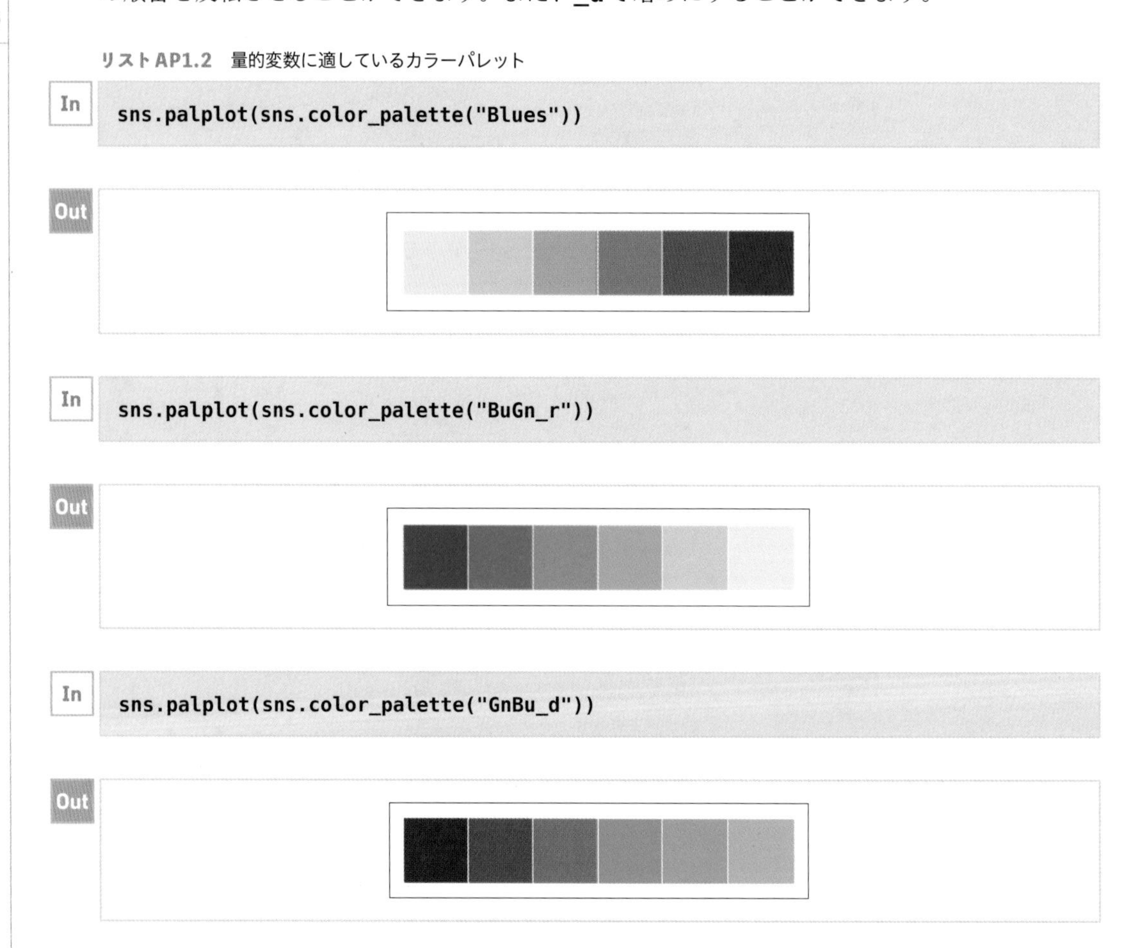

無彩色のカラーパレット

無彩色のカラーパレットは、強調色が目立つように他の部分に使用する際や、モノクロ印刷でも判別可能にする際に用います。

binaryや**gray**が無彩色で構成されているカラーパレットです（**リストAP1.3**）。

リストAP1.3　無彩色のカラーパレット

In
```
sns.palplot(sns.color_palette("binary"))
```

Out

```
sns.palplot(sns.color_palette("gray"))
```

```
sns.palplot(sns.color_palette("gist_gray_r"))
```

基準値の前後に値が分布している場合に適したカラーパレット

ある値を中心として、前後に値をとる場合に適しているカラーパレットとして、赤と青で表現する**RdBu**と**coolwarm**があります（**リストAP1.4**）。

例えば0を中心としてマイナスの値もプラスの値も同じように分布をしている場面で活用できます。

リストAP1.4　基準の前後に値がある場合に用いるカラーパレット

```
sns.palplot(sns.color_palette("RdBu", 7))
```

```
sns.palplot(sns.color_palette("coolwarm", 7))
```

カラーパレットの作り方

任意の色を指定したカラーパレットを作ることもできます。

例えば、自社のコーポレートカラーに合わせたグラフの作成などに利用できて便利です。

カラーパレットの作成は、6桁の16進数のカラーコードを1つずつ定義することで作成できます（**リストAP1.5**）。

リストAP1.5 カラーパレットの作成

In

```
mycolor = ["#FF5FFF", "#AAAAdb", "#BBAACC", "#DDFF00", "#AACCBB", "#CCCCCC"]
sns.palplot(sns.color_palette(mycolor))
```

Out

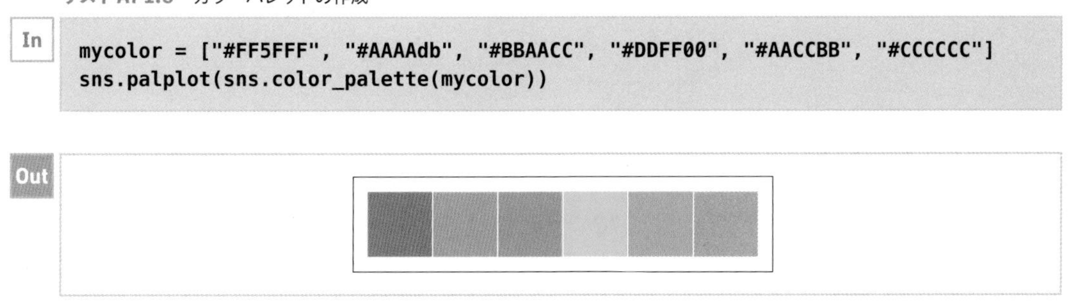

INDEX

数字・記号

100%積み上げ縦棒グラフ 027, 094, 108
100%積み上げ横棒グラフ 027, 102, 109
1700年代後半の棒グラフ 004
2地点間 156
3Dグラフ 023

A/B/C

Anaconda ...... v, 034
Anaconda Prompt 043
Anacondaのインストーラ 034
binary 099, 199
cartodbpositron 147
conda 044
coolwarm 200
CSVファイル 053

D/E/F

Data 010
DataFrame 052
datetime形式 116
DIKWピラミッド 010
Excel 008
FireFox 140
for文 065, 093
from PIL import 180

G/H/I

GitHub 139
gray 199
ICOOON MONO
...... 154, 168, 170, 178, 181, 183, 185, 191
iloc属性 056
import janome 048
import numpy as np 048
import pandas as pd 048
Information 010, 011
ISO規格のピクトグラム 177

J/K/L

JIS規格のピクトグラム 177
Jupyter Notebook 017, 036
Knowledge 010, 011

M/N/O

matplotlib 015
np.関数名 048
OpenStreetMap 050

P/Q/R

Paired 197
pandasデータフレーム 052, 107, 108, 109
Python ...... v, 015, 017
RdBu 200
RGBA値 186
RGB値 186

S/T/U

seabornのカラーパレット 197
Series 051
Stamen Toner 147

Story telling 014
The Zen of Python 172
Tokenオブジェクト 168

V/W/X/Y/Z

visualization 002
Wisdom 010, 011

あ

青空文庫 164
明るさ 024
鮮やかさ 024
新たな価値 011
意思決定 008
位置 017, 025
位置情報 138
位置の違い 025
緯度経度情報 148
色 024
色分けマップ 140, 143, 145
インク比が高い 021
インク比が低い 021
インストール 045
インタラクティブなデータ表現 122
インデックス 051, 118
インフォグラフィック 176
インポート 048, 049
ウォーターフォールチャート 128
美しいビジュアライゼーション 020
英語の文字情報 162
円グラフ 005, 011, 110
演算 054
演算子 054
大きさ 025
オブジェクト 051
折れ線グラフ 003, 011, 116, 121

か

カーネル密度関数 070
概観 006
階層構造 129, 131
概念的 012
概要 013
カウントプロット 072
角度 027
下限値 023
可視化 011
数 179
仮想環境 044
画像の大きさ 181
画像の大きさで数量を表現 181
画像を並べる 179, 189
形 026
傾き 027
紙 016
カラーパレット 197, 198, 199, 200, 201
カラム 057
カラム名 057
カラム名の変更 064
間隔尺度 023
関係 013
関係性 032
関数一覧
　add_to関数 146
　axhline関数 091
　catplot関数 086
　countplot関数 072
　crosstab関数 061, 094

INDEX

describe関数 058
display関数 181
distplot関数 070
fill関数 187
folium.Choropleth関数 141, 143, 145
folium.Circle関数 150
folium.Map関数
.... 140, 143, 145, 147, 154
folium.Marker関数 146, 148, 154
folium.PolyLine関数 156, 157
generate関数 162, 166, 167, 168
get_image関数 192
go.Figure関数 123
go.Pie関数 113
go.Scatter関数 123
go.Sunburst関数 131
go.Waterfall関数 128
groupby関数 059, 060, 061
HeatMap関数 153
Image.new関数 183
Image.open関数 181, 183, 185
jointplot関数 084
legend関数 103, 104, 105
len関数 055, 058
lineplot関数 122
load_dataset関数 056
map.add_child(folium.raster_layers.
Image Overlay関数 154
mean関数 060
nunique関数 059
paste関数 183
pd.DataFrame関数 052
pd.read_csv 関数 118
plt.pie関数 110, 111, 112
plt.subplots関数 106
px.line_polar関数 133, 135
px.line関数 122
px.parallel_coordinates関数 087
px.scatter関数 081
query関数 063
read_csv関数 053
rename関数 064
resize関数 182
scatterplot関数 080
sns.barplot関数
.... 089, 090, 092, 100, 101, 102, 103, 106
sns.color_palette関数 198
sns.heatmap関数 125
sns.lineplot関数 116, 118, 121
sns.pairplot関数 082
sns.scatterplot関数 077
sort関数 063
sort_values関数 111
squarify.plot関数 129
tokenize関数 166, 168
tsplot関数 122
update_layout関数 097
value_counts関数 059, 060
wc.generate関数 168
wc.recolor関数 173
機械 008, 009
機械的な判別 008
規則 008
基本統計量 011, 058
強調色 098
行と列の形式 052
業務の自動化 008
近接性 028

クラス一覧
IconGraph クラス 192
Word Cloud クラス 162
wordcloud.WordCloud クラス 162, 170
グラフ 068
グラフの凡例 104
グラフ分割 106
繰り返しの処理 065
クロス集計 061, 062, 125
緯度経度情報 158
ゲシュタルトの法則 028, 032
構成 013
構成要素 024
誤解を招く表現 032
コロプレス図 139
コンテキスト 022

さ

彩度 024, 196
サンバーストチャート 129
散布図 011, 028, 077
散布図行列 082
ジオコーディング 158
色相 024, 196
色相環 024
時系列の折れ線グラフ 029
時系列の変化 116
質的データ 026, 023
質的変数 023, 086, 088, 197
集約 059
順序尺度 023, 133
ジョイントプロット 084
条件 062
情報の読み手 007
シリーズ 051
シリーズオブジェクト 051
シリーズ形式 057
白黒印刷 024
人口ピラミッド 030
数値ラベル 090
ストーリーテリング 014
スマートフォンアプリ 003
スマートフォンのアプリの例 005
静的なビジュアライゼーション 015
正の相関 087
世界地図 140, 143
世界地図の色塗り 139
説明的 012
扇形 114

た

対称性 030
縦棒グラフ 089, 098
単語の集合 160
単語の文字色 170
探索 011
探索的 012
地球儀 142
地図上で可視化 025
地図情報のビジュアライゼーション 139
チャート 003, 029, 030, 068
着目点 014
抽出 062
伝えるべき情報 032
積み上げ縦棒グラフ 092, 098, 107
積み上げ横棒グラフ 101, 108
ツリーマップ 129
定量情報 012

データインク比 020
データ構造 048, 051
データ処理 048
データドリブン 012
データの行数 058
データの集約 058
データの種類 023
データの着目点 013
データの並べ替え 063
データのばらつき 011
データの利活用 008
データの活用 008
データビジュアライゼーション 006
データフレーム 052, 056, 057
データ分析者 007
データ分析 017
データ形式 051
デバイス 016
天気予報の例 005
伝達 006
同一円 030
同一色 030
動的なビジュアライゼーション 015
ドーナツグラフ 114
特定の文字の色 172
都道府県別 145
都道府県別の情報 143

な

ナイチンゲールの鶏頭図 002
長さ 026
生のデータ 007
並べる個数で数量を表現 183
日本語の文字情報 164
日本語のワードクラウド 166
日本地図 143
人間 008
ノートブック 043

は

配置 031
配列間の演算 048
配列における計算 048
箱ひげ図 011
発見 006
バブルチャート 080
パラレルセットグラフ 088
反復的な意思決定 008
凡例 102
ヒートマップ 030, 125, 153
非階層構造 129
比較 013
引数一覧
　引数alpha 079
　引数annot 126
　引数ascending 111
　引数ax 106
　引数back_color 192
　引数background_color 162
　引数barmode 097
　引数bins 070
　引数bottom 092, 101
　引数cmap 127
　引数color 084, 135
　引数color_func 173
　引数colormap 170
　引数columns 141
　引数contour_width 170

引数counterclock 111
引数data 082, 123, 141, 145
引数dimensions 087
引数fill_color 141
引数height 162
引数hole 114
引数hue 073, 076, 083, 096
引数kde 071
引数key_on 141
引数kind 085
引数label 129
引数label_back_color 192
引数ladels 113
引数left 102
引数linewidths 126
引数loc 103, 104, 105
引数location 146, 148, 150
引数locations 156, 157
引数lower left 104
引数mask 170
引数mode 123
引数normalize 094
引数order 075
引数palette 121
引数parents 129, 131
引数parse_dates 116
引数percentage 186
引数radius 150
引数size 080, 081
引数startangle 111
引数style 078
引数tiles 147
引数upper center 105
引数upper left 103, 104
引数values 113
引数vertical 071
引数weight 157
引数width 162
引数x 075, 077, 086, 100
引数y 074, 077, 086, 100
ピクトグラム 026, 176, 177
比尺度 023
ビジュアライゼーション 002, 005, 011
ビジュアライゼーション表現 023
ヒストグラム 011, 069
ビッグデータ 007
表計算ソフト 003
複数段の積み上げ縦棒グラフ 093, 095
複数の折れ線グラフ 118, 119
複数の縦棒グラフ 097
複数の地点間 157
複数のマーカー 148
複数のレーダーチャート 135
負の相関 087
プレゼンテーションの資料 024
プログラム 017
文書 017
分析環境 044
平行座標プロット 087
変化 013
変数一覧
変数im 182
変数margin 187
ポイント情報 146
包囲 030
棒グラフ 011
ボックスプロット 074

ま

マーカー 146
マーカーのアイコン 154
マウスオーバー 122
マンセル表色系 196
無彩色 024, 098
無彩色のカラーパレット 199
名義尺度 023
明度 024, 196
面積 027
文字情報 161
文字数 055

や

ユニーク要素数 059
横棒グラフ 100
読み手の負荷 031

ら

ライブラリ 044, 048, 049, 068
ライブラリ一覧
branca 042
folium .... v, 042, 050, 139, 140
geoplotlib .... v, 042
ipython .... v, 042
janome .... v, 042, 048, 161
matplotlib .... v, 042, 049, 068, 110, 129
numpy .... v, 042, 048
pandas .... v, 015, 042, 048, 107
pillow .... v, 042, 050, 180
plotly .... v, 015, 042, 049, 068, 081, 095, 113, 123, 131, 139
scipy .... v, 042
seaborn .... v, 015, 042, 049, 068, 069, 197
squarify .... v, 042, 129
statsmodels .... v, 042
wordcloud .... v, 042, 050, 161, 164
ライブラリのバージョン 044
リスト 051
リテラシー 011
量的データ 023, 026
量的変数 023, 198
類似性 029
レーダーチャート 133
連続性 029
連続性の法則 032

わ

ワードクラウド 160, 166, 172
ワードクラウドの形 169
分かち書き 166
わかりやすい表現 031
割合 114, 179, 185
割合を画像で表現 185

おわりに

本書では、数値情報や文字情報、位置情報等に関するデータのビジュアライゼーション手法について取り扱いました。

社会問題や経済の問題など様々なテーマで、世界中の様々な洗練されたデータビジュアライゼーションを見ていると、扱うテーマが知らない専門分野であっても、記述されている言語が知らない言葉であっても、主張を読み取ることができることに気づかされます。

このようにデータビジュアライゼーションを通じて、世界中の様々な知見を有した人の議論を見ているとビジュアライゼーションの効果は非常に大きいものであると日々感じています。

近年データの利活用が求められる中で、データの内容をよく知る人がそうでない人に対してデータに含まれるメッセージを伝達する必要が日を追うごとに増しています。

データ分析のツールとしてPythonが用いられている企業が増加している中、Pythonでデータビジュアライゼーションを行う機会は増加しています。そこで本書ではPythonを用いてデータのビジュアライゼーションを行う方法について取り扱いました。

本書を手に取ってくださった方の多くは、データ分析を仕事としている方やデータの活用方法に関心が高い方であると思います。そのような方々に本書が少しでも役に立つことになれば幸いです。

2020年6月吉日
小久保 奈都弥

謝辞

本書の執筆は家族の協力なしでは実現できませんでした。約1年ほど休日は執筆を優先していたにも関わらず、私の活動を応援してくれたことを心から感謝しています。

五月女先生には、大学院在学中に私のインフォメーションデザインに取り組みたいという思いを理解し指導していただき、卒業後であっても本書の執筆にあたり多くの助言をいただきました。

前職の同僚である原田慧さんには、本書の執筆にあたって多くの意見をいただき、私自身の考えを深めることに繋がりました。

本書の出版のきっかけは翔泳社の宮腰さんがご連絡してくださったことが始まりです。このような機会をいただき感謝を申し上げます。

参考文献

- 『The Visual Display of Quantative Information』(Edward R.Tufte 著、Graphics Press LLC、2001年)

- 『情報を見える形にする技術 情報可視化概論』(Riccardo Mazza 著、加藤 諒 編集、中本 浩 翻訳、ボーンデジタル、2011年)

- 『Beautiful Visualization』(Julie Steele、Noah Iliinsky 著・編集、増井 俊之 監修、牧野 聡 翻訳、オライリージャパン、2011年)

- 『ウォールストリート・ジャーナル式図解表現のルール』(ドナ・ウォン 著、村井瑞枝 翻訳、かんき出版、2011年)

- 『Good Charts: The HBR Guide to Making Smarter, More Persuasive Data Visualizations』(Scott Berinato 著、Harvard Business Review Press、2016年)

- 『統計学入門 (基礎統計学Ⅰ)』(東京大学教養学部統計学教室 編、東京大学出版会、1991年)

- 『Information Dashboard Design: The Effective Visual Communication Of Data』(Stephen Few 著、Oreilly & Associates Inc、2005年)

- 『意思決定を助ける 情報可視化技術 - ビッグデータ・機械学習・VR/ARへの応用 -』(伊藤貴之 著、コロナ社、2018年)

- 『The Visual Miscellaneum: A Colorful Guide to the World's Most Consequential Trivia』(David McCandless 著、Harper Design、2014年)

- 『地理情報の可視化』(石井儀光 著、社団法人日本オペレーションズ・リサーチ学会、2018年1月号)

- 『たのしい インフォグラフィック入門』(櫻田 潤 著、ビー・エヌ・エヌ新社、2013年)

著者プロフィール

小久保 奈都弥(こくぼ・なつみ)
筑波大学第三学群社会工学類卒、法政大学大学院イノベーションマネジメント研究科修了。
データ分析のコンサルティング会社で金融機関向けに予測モデル構築業務やデータ分析業務に従事。
現在はコンサルティング会社に勤務するほか、個人的にインフォメーションデザインやデータビジュアライゼーションの活動を行っている。
法政大学大学院特任講師。
中小企業診断士。

装丁・本文デザイン　大下 賢一郎
カバーイラスト　istock.com : miakievy
DTP　株式会社シンクス
校正協力　佐藤 弘文

データ分析者のためのPython(パイソン)データビジュアライゼーション入門
コードと連動してわかる可視化手法

2020年 8月6日　初版第1刷発行

著　者　小久保 奈都弥（こくぼ・なつみ）
発行人　佐々木 幹夫
発行所　株式会社翔泳社（http://www.shoeisha.co.jp）
印刷・製本　株式会社シナノ

*本書へのお問い合わせについては、iiページに記載の内容をお読みください。
*落丁・乱丁はお取り替えいたします。03-5362-3705までご連絡ください。

ISBN978-4-7981-6397-0
Printed in Japan